吉林省社会科学基金项目（2019C22）；长春大学科研培育项目 SKC2019010；长春大学科研启动经费项目 SKQD201911。

本专著为吉林省社会科学基金项目“跨境电商视阈下吉林省农产品贸易模式转型升级研究”（编号为 2019C22）的最终研究成果。

农业比较优势、结构优化与区域布局

Agricultural Comparative Advantage, Structure Optimization and Regional Layout

孙会敏　张越杰　著

中国社会科学出版社

图书在版编目(CIP)数据

农业比较优势、结构优化与区域布局/孙会敏，张越杰著.—北京：中国社会科学出版社，2021.10

ISBN 978-7-5203-8978-5

Ⅰ.①农…　Ⅱ.①孙…②张…　Ⅲ.①农产品—产品结构—研究—吉林　Ⅳ.①S37

中国版本图书馆 CIP 数据核字(2021)第 173310 号

出 版 人　赵剑英
责任编辑　王　衡
责任校对　朱妍洁
责任印制　王　超

出　　版　中国社会科学出版社
社　　址　北京鼓楼西大街甲 158 号
邮　　编　100720
网　　址　http://www.csspw.cn
发 行 部　010-84083685
门 市 部　010-84029450
经　　销　新华书店及其他书店

印　　刷　北京明恒达印务有限公司
装　　订　廊坊市广阳区广增装订厂
版　　次　2021 年 10 月第 1 版
印　　次　2021 年 10 月第 1 次印刷

开　　本　710×1000　1/16
印　　张　15.75
插　　页　2
字　　数　235 千字
定　　价　88.00 元

前　　言

随着农业和农村经济的发展，一些深层次的矛盾和问题逐渐显现。农业生产成本不断提高、农民增产不增收、农产品供求不平衡、国内农产品库存不断增加的同时，进口农产品大量涌入中国市场。造成这种现象的一个重要原因就在于我国农产品生产结构不合理，无法契合市场需求的变化；农业生产结构和比较优势背离、农业资源配置不合理，造成农业生产效率低下和生产成本高企。解决这一问题的途径就是调整和优化农业产业结构、产品结构、地区结构；优化农业资源配置，将有限的资源集中到优势产品和优势产业；围绕市场需求进行生产，提高农产品质量，保证产品安全，提升农业竞争力。目前备受关注的农业供给侧结构性改革、农业结构调整实质就是在保证农产品数量充足的基础上，提高农业供给体系的质量和效率，真正生产消费者需要的产品品种，形成结构合理的农产品有效供给体系。

本书以比较优势理论为指导，从国内和省内两个层次研究了吉林省及省内东部、中部、西部九个地级市农产品（主要是种植业产品和畜产品）的规模比较优势、效率比较优势、效益比较优势和综合比较优势。在国内国际双循环视角下，分析吉林省农产品贸易比较优势与竞争力。对吉林省农业生产区域结构进行分析，并进一步对农业产业结构和产品结构进行评价。在此基础上，对吉林省及各地区农产品的相对比较优势和结构进行协调性分析，最后提出了根据比较优势进行农业结构调整和农产品区域布局的途径和策略。主要研究内容和结论如下：

第一，运用综合比较优势指数法，研究了吉林省农产品的规模比较优势、效率比较优势和效益比较优势，研究结果表明，吉林省种植业中玉米、大豆和烤烟具有综合比较优势；水稻、油料、糖料、蔬菜和水果具有综合比较劣势；畜牧业中牛肉和禽肉生产具有综合比较优势，猪肉、羊肉和牛奶生产具有综合比较劣势。

第二，根据吉林省行政区划，将吉林省分为中部包括长春市、吉林市、四平市和辽源市，东部包括通化市、延边州和白山市，西部包括松原市和白城市九个地级市。对各地区农产品比较优势测算的结果表明，2017 年水稻生产具有综合比较优势的地区包括长春市、吉林市、白城市和通化市，玉米生产优势地区为中部地区，大豆生产优势地区为东部的延边州和白山市以及中部的吉林市，油料作物优势地区为西部地区，烟叶生产优势地区为东部地区，蔬菜生产东部地区综合比较优势较为明显，瓜果生产具有综合比较优势的地区为西部的松原市和白城市。畜产品生产的区域性非常显著，中部生猪和家禽生产具有综合比较优势，东部肉牛生产具有优势，西部肉羊和牛奶生产具有优势。

第三，对吉林省农业结构的研究表明，吉林省农业产值结构中种植业比重和畜牧业平分秋色，种植业比重略高于畜牧业，林业和渔业比重较低；从就业结构来看，吉林省农业劳动力就业比重较高，但对地区生产总值的贡献率和拉动率较低；种植业产品中经济作物种植比重较低；畜产品中猪肉、禽肉比重较高，牛肉、羊肉、牛奶比重较低。农业结构存在产值结构和就业结构不协调、产品结构不合理、产品地区结构和优势地区分布不一致等问题。通过计量经济模型 VAR 模型对吉林省农业结构进行定量分析，结果表明，畜牧业对农业总产值的贡献超过了种植业，对种植业也有较强的带动作用，且畜牧业的贡献具有持续性。运用灰色关联分析法评价吉林省农产品结构，结果表明，畜产品产量与农林牧渔总产值的关联度较高。

第四，建立相对比较优势指数和专业化系数的分析框架，对吉林省农产品相对比较优势和结构的协调性进行研究。相对比较优势指数和专业化系数都大于 1 的农产品包括水稻、玉米、牛肉，其中玉米专业化系数远远高于相对比较优势指数，种植比重偏高；相对比较优势指数和专业化系数都小于 1 的农产品包括油料、糖料、蔬菜、水果、羊肉、牛奶；相对比较优势指数大于 1 而专业化系数小于 1 的农产品包括大豆、烤烟、禽肉；猪肉生产相对比较优势指数小于 1 而专业化系数大于 1。从相对比较优势指数和专业化系数协调的农产品的比例看，各地区比例低于全省。本书总结了吉林省农产品相对比较优势和结构背离的现象并分析了原因。

根据以上的研究，本书提出了吉林省农业结构优化的路径和农产品区域布局的策略。结构调整的重点产品是玉米、大豆、烤烟、猪肉、牛肉，增加优势产品的生产，缩减劣势产品的生产，同时要提高农业产出能力和效率，发展集约经营。根据各地区比较优势的不同进行农产品区域布局。

乡村旅游作为第一、第二、第三产业融合发展的农业新业态，对农业结构优化、农村可持续发展和乡村振兴起到了至关重要的作用。因此，在本书的最后，以国家乡村振兴的政策为指引，分析了吉林省乡村旅游发展促进乡村振兴的作用机制，探析吉林省乡村旅游发展中存在的问题和障碍，包括旅游形式单一、缺乏专业人才和技术支撑、基础设施不完善等。

Preface

With the development of agriculture and rural economy, some contradiction and problems of deep-level emerged. For example, the cost of agricultural production has increased, farmers harvest more crops but the income does not grow, the supply of crops does not match the demand, the stock of agricultural products has kept increasing while the imported agricultural products pack into the domestic market. One of the important reasons is that the agricultural structure is not adjusted according to the market situation, the agricultural resource allocation and the agricultural production are inefficient. The way to solve these problems is focusing the resource on advantageous products and sections, producing according to the market demand, improving the products quality, guarantee food security and enhancing the agricultural competitiveness. The agricultural reform on the supply side proposed recently is essentially to improve the quality and efficiency of agricultural supply system on the basis of sufficiency, to produce the demanded categories and form reasonable agricultural-products-supply system.

The book analyzes the modified comprehensive advantage of agricultural products (mainly crops and husbandry products) of Jilin province and its 9 prefecture-level cities, then further calculates the comparative advantage and competitiveness of agricultural export, researches and evaluates the agricultural structure. On the above basis, the book analyzes the coordination between the advantage and the specialization of the products, then the book concludes the measures to adjust the agricultural structure and to optimize the regional arrangement. The contents and conclusions of the research are as follows.

Firstly, the author uses the MAAI method and calculates the comparative advantage indexes of agricultural products. The corn, bean and tobacco of Jilin province have comprehensive advantage, and the rice, oil plants, sugar crops, vegetables and fruits have disadvantage. The beef and poultry production have advantage, the pork, mutton and milk production have disadvantage.

Secondly, the author analyzes the agricultural comparative advantage in different regions of Jilin province. The book divides Jilin province into three parts, the middle part includes Changchun, Jilin, Siping, and Liaoyuan; the eastern part includes Tonghua, Yanbian, and Baishan; the western part includes Songyuan and Baicheng. The research on the agricultural advantage of the 9 prefecture-level cities shows that the middle region has advantage in the production of corn, fruits, pork, and poultry; the eastern region has advantage in the production of vegetables, bean , tobacco and beef; the western region has advantage in the production of oil plants, sugar crops, mutton and milk. Changchun, Jilin, Baicheng and Tonghua have advantages in the production of rice.

Thirdly, the author analyzes thestructure of agricultural output value and the structure of employment, as well as the distribution of crops and livestock breeding in different areas. Research on the agricultural structure shows that the output value of crop farming is the largest share of the total agricultural output, the output value of husbandry is a bit lower than crop farming, forestry and fishery only accounts for a small part. For the husbandry, the output of pork, poultry and beef are the top three biggest parts respectively, the share of mutton and milk is relatively lower. The output value structure and the employment structure do not match, the region distribution of agricultural products do not coincide with the distribution of comparative advantage. For the planting structure, the percentage of grain crops is higher than that of economical plants. With the application of econometric VAR model, the book evaluates the agricultural structure, the result shows that the contribution of husbandry exceeds that of

 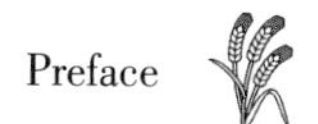

planting, and the the contribution of the former one lasts longer. The author also evaluates the products structure with the method of grey relational analysis, the result shows that husbandry products have higher correlation with agricultural economy than farming products.

Fourthly, the author makes research on the coordination between the comparative advantage and the specialization of agricultural productsusing the method of RMAAI and SI indexes. The result shows that the products of which both RMAAI indexes and SI coefficients are over 1 include rice, corn and beef, the products of which the RMAAI indexes are over 1 while the SI coefficients are below 1 are bean, tobacco and poultry, the products of which both indexes are below 1 include oil plants, sugar crops, vegetables, fruits, mutton and milk. Pork have over-one RMAAI index and below-one SI coefficient. The coordination rate of prefecture cities is lower than the province. The author concludes the deviation status between RMAAI and SI and analyzes the reasons.

On the basis of the above research, the paper proposes the products which should be adjusted are corn, bean, tobacco, pork and beef. The production of advantageous products should be increased and the production of disadvantageous products should be decreased. Meanwhile, the producing efficiency and capacity of agriculture should be improved. Regional distribution should beadjusted according to the regional advantage.

As the new form of the convergence of the three major industries, rural tourism makes significant contribution to the optimization of agricultural structure, the rural sustainable development, and to the rural revitalization as well. Thus, directed by the rural revitalization policy of the government, the last chapter of the book theoretically analyzes the mechanism through which the rural tourism promotes the rural revitalization. The problems and obstacles in the development of rural tourism are discussed, including that the tourism forms are few, the lack of professional talents and technology, and the infrastructure is not fully developed.

目　　录

第一章　导论 ……………………………………………………… (1)
第一节　研究背景和意义 ……………………………………… (1)
第二节　研究综述 ……………………………………………… (4)
第三节　研究目标与内容 ……………………………………… (13)
第四节　研究方法与技术路线 ………………………………… (15)
第五节　研究创新 ……………………………………………… (20)

第二章　概念界定和研究的理论基础 ………………………… (22)
第一节　概念界定 ……………………………………………… (22)
第二节　比较优势研究的理论基础 …………………………… (23)
第三节　农业结构优化研究的理论基础 ……………………… (27)
第四节　比较优势与农业结构优化的关系 …………………… (30)
第五节　本章小结 ……………………………………………… (31)

第三章　吉林省农业发展的概况 ……………………………… (32)
第一节　农业发展的基础条件分析 …………………………… (32)
第二节　农业生产情况分析 …………………………………… (35)
第三节　农业存在的问题分析 ………………………………… (38)
第四节　本章小结 ……………………………………………… (40)

第四章　吉林省主要农产品比较优势测算 ……………………………（41）
第一节　分析框架和数据来源 ……………………………………（41）
第二节　主要种植业产品比较优势测算 …………………………（42）
第三节　主要畜产品比较优势测算 ………………………………（68）
第四节　本章小结 …………………………………………………（83）

第五章　吉林省主要农产品比较优势的区域差异分析………………（85）
第一节　主要种植业产品比较优势的区域差异分析………………（85）
第二节　主要畜产品比较优势的区域差异分析……………………（98）
第三节　本章小结 ………………………………………………（106）

第六章　吉林省农业结构分析和评价 ………………………………（108）
第一节　农业结构的动态演变 …………………………………（108）
第二节　农业产业结构分析 ……………………………………（113）
第三节　农产品结构分析 ………………………………………（117）
第四节　基于 VAR 模型和 GRA 的农业结构评价 ……………（133）
第五节　本章小结 ………………………………………………（147）

第七章　吉林省农产品比较优势与结构协调性分析 ………………（149）
第一节　相对比较优势与地区专业化系数 ………………………（149）
第二节　农产品相对比较优势与结构协调性分析 ………………（152）
第三节　农产品相对比较优势与结构的背离及原因分析 ………（158）
第四节　本章小结 ………………………………………………（160）

第八章　吉林省农产品贸易比较优势与竞争力分析 ………………（162）
第一节　世界农产品贸易的基本格局 …………………………（162）
第二节　我国农业竞争力现状 …………………………………（165）
第三节　吉林省农产品贸易竞争力分析 ………………………（166）

第四节　农产品贸易面临的问题和挑战 …………………………（173）
第五节　政策建议 ……………………………………………………（176）
第六节　本章小结 ……………………………………………………（179）

第九章　吉林省基于农产品比较优势的结构优化路径和区域布局 ……………………………………………………（180）
第一节　农业结构优化的原则 ……………………………………（180）
第二节　基于比较优势的农业结构优化路径 ……………………（183）
第三节　基于比较优势的农产品区域布局 ………………………（188）
第四节　政策建议 ……………………………………………………（195）
第五节　本章小结 ……………………………………………………（198）

第十章　乡村振兴与吉林省乡村旅游发展 ………………………（199）
第一节　发展乡村旅游促进乡村振兴的必要性和可行性 ………（201）
第二节　乡村旅游促进乡村振兴的作用机理 ……………………（204）
第三节　吉林省乡村旅游发展的现状和问题 ……………………（209）
第四节　吉林省发展乡村旅游促进乡村振兴的路径对策 ………（224）
第五节　本章小结 ……………………………………………………（229）

参考文献 ……………………………………………………………（230）

致　谢 ………………………………………………………………（238）

第一章　导论

第一节　研究背景和意义

一　研究背景

伴随工业化、城镇化的深入，农业农村发展正在进入新的阶段，呈现农业生产成本上升、农产品供求结构性矛盾突出、农村社会结构加速转向、城乡发展快速融合的态势。在工业化、信息化、城镇化、农业现代化及城乡统筹发展的背景下，农业发展出现了一些新的特点。一是农产品总量增长，出现阶段性供过于求；二是农产品供需出现结构性矛盾，优质农产品短缺，农业内部结构不合理；三是中国农产品贸易持续逆差，逆差额不断扩大。农业生产必须遵循比较优势原则，根据比较优势进行农业结构调整和区域布局，同时优化粮食等大宗农产品储备品种结构和区域结构已成为学术界的共识，也是加快发展现代农业的要求。

产业结构变动对经济增长的作用历来受到众多学者的关注。产业结构的状态，即劳动力、资金、技术等要素是否得到了合理的配置，对经济增长有很大的影响。资源配置合理，与国内外经济发展的要求相适应，就能促进经济增长，反之则会阻碍经济增长。另外，产业结构的变动会带来就业结构的变动，使劳动者向高收入和高技术产业部门转移。而劳动力的转移又会进一步促进高技术的研发和应用，从而促进经济增长。农业结构调整在中国农业的发展中也发挥了重要作用，钟甫宁测算出中国农业结构调整对种植业的贡献率达到40%以上，结构调整对整个农业的贡献率则达到了60%。农业经济增长虽然部分缘于技术的提高和物质投入的增加，但与农业结构的调整、农业投入从种植业向畜牧业转移是分不开的。农业结构调整不仅意味着生产高质量高品质的产品，更要依托资源禀赋状况生产具有比较优势的产品，并通过市场流通实现产品的价值。

比较优势（comparative advantage）是指如果一个国家在本国生产一种产品的成本（用其他产品来衡量）低于在其他国家生产该产品的成本，则这个国家在生产该种产品上就拥有比较优势。比较优势理论用于分析国际贸易活动时，要比较两国间不同产品的生产成本或生产效率。因此比较优势的关键在于“比较”，一个国家或一个区域在某种产品或产业上是否具有比较优势，取决于与之进行比较的对象。比较优势理论除了应用于国际贸易领域，在农业领域同样适用。农业生产最根本的特征是经济再生产与自然再生产过程的有机交织①。农业是利用生物有机体生长发育过程进行的生产，受到土地、温度、光照、水、热、气等自然资源和自然禀赋的影响很大。一个区域的自然资源状况在很大程度上决定了当地农业生产的类型、方式和技术，而一个区域要形成在某个或某些产业或行业发展的优势，必须立足于当地的自然资源等初级要素，逐渐形成和创造新的高级生产要素，并形成自身的优势产品和优势产业。但资源的稀缺性决定了一个地区不可能囊括农业发展的所有方向，而必须确定本地区的优势产品和优势产业，并且将优势产品和优势产业作为本地区经济发展的重要方向和结构调整的重点区域。因此，区域农业生产的比较优势为区域农业结构调整提供了方向和依据，区域农业结构调整必须按照比较优势的原则进行。

基于上述背景，本书研究吉林省农产品的比较优势，并以此为基础明确吉林省农业结构优化的方向，促进农业结构的高级化和合理化。

二　研究意义

为了实现吉林省农业的可持续发展，必须充分认识和分析吉林省农

① 钟甫宁：《农业经济学》，中国农业出版社2010年版，第2页。

业的比较优势，即资源优势、产品优势、产业优势，同时将比较优势转化为经济优势，注重经济效益的提高。这要求农业生产者要正确认识自身的比较优势，根据比较优势进行生产决策。本书将比较优势理论加以改进，构建评价农产品比较优势的框架，深入分析吉林省农产品的比较优势；进一步构建农业结构的评价标准和方法，根据比较优势原则提出吉林省农业结构优化的路径和农产品优势区域布局的策略。

（一）有利于改善农产品供求结构

一方面，中国农业生产的现状是粮食产量不断增加，出现了“十二连增”的局面，棉粮油、肉蛋奶、果菜茶以及水产品等农产品供应也比较充足，这为保证国家粮食安全、满足人民生活需要提供了重要保障。另一方面，这种状况也造成了中国粮食库存压力增大，成本增加。在粮食产量不断增加的同时，中国粮食进口量也不断增加。原因是中国的农业生产结构和需求结构不协调、农产品区域布局不合理、各地区农业生产结构趋同。面对这样的状况，必须调整农产品生产结构，扩大优势农产品的种植，同时压缩劣势农产品的生产，合理进行农产品优势区域布局，才能实现农产品供求平衡。

（二）有利于吉林省农业结构的优化

在开放经济条件下，绝对优势理论认为一个国家只有在某种产品的生产上具有绝对优势，才能出口该产品，同时进口本国具有绝对劣势的产品。绝对优势的思想首先是由英国古典经济学家亚当·斯密（Adam Smith）在其代表作《国富论》一书中首先提出的，并由另一位英国古典经济学家大卫·李嘉图（David Ricardo）进行发展并提出了比较优势的贸易思想。比较优势理论认为即使一国在所有产品的生产上都具有绝对劣势，但只要比较优势不同，仍然可以参与国际分工和国际贸易①。出口本国比较优势较大或比较劣势较小的产品，进口本国比较优势较小或比较劣势较大的产品。在这样的基础上参与国际分工和国际贸易，国家可以

① ［英］大卫·李嘉图：《政治经济学及赋税原理》，周洁译，华夏出版社2005年版，第91页。

节省劳动力，提高生产效率，增进社会福利。在农业生产过程中，农业生产者发现本身具有的绝对优势比较容易，却很难发现自身具有的比较优势。按照比较优势组织生产，可以使农业在区域间的布局更加合理，调整农业生产结构，并通过专业化分工提高生产水平，发展优质高效农业。

（三）有利于提高农民收入

为充分发挥农业的基础作用并保证国家粮食安全，中国实行了许多保障农民收入增长、减轻农民负担的政策，这也带来了农民收入的持续增长。但是也要看到，农民收入增长速度仍然较低，城乡居民收入差距不断扩大，其中很重要的原因就是农业生产结构不合理，农民生产出的农产品不能够通过市场机制变成经济效益。2014 年吉林省农民人均可支配收入 10780.12 元，其中来自种植业、林业、畜牧业和渔业的收入 7445.63 元，占人均可支配收入的 69%。这说明吉林省农民收入主要来自于农业尤其是种植业。吉林省立足于粮食生产，扩大优势农产品的种植面积，增加优势畜产品生产，优化农业结构，对农民增收和城镇化建设的推进有重要作用。

第二节　研究综述

一　国外对农产品比较优势和农业结构的研究

国外对农产品比较优势的研究多集中于比较优势的测度方法的研究，多数是从农产品国际贸易和国际市场的角度进行的实证分析。美国经济学家贝拉·巴拉萨（Bela Balassa）1965 年提出巴拉萨指数可测定一个国家进出口的比较优势，但巴拉萨指数的弊端在于忽视了出口流动的各种阻碍。例如，在考虑向德国出口番茄的时候，没有对荷兰和澳大利亚做出区分。而实际上，荷兰作为欧盟成员和德国的邻国，进入德国市场要比澳大利亚容易得多[①]。Liefert[②] 研究发现俄罗斯在 1996—1997 年在农产

① ［美］查尔斯·范·马芮威耶克：《中级国际贸易学》，夏俊等译，上海财经大学出版社 2005 年版，第 36 页。

② Liefert, William M., "Comparative (Dis?) Advantage in Russian Agriculture", *American Journal of Agricultural Economics*, Vol. 84, No. 3, 2002, p. 765.

品出口上具有比较劣势，和大宗粮食产品相比较，俄罗斯肉类产品的劣势更为明显，并强化了俄罗斯在农产品出口方面的劣势。Vildan 和 Civan[①]采用显性比较优势指数（RCA）和相对出口能力指数（CEP）测度了土耳其的西红柿、橄榄油和果汁产业在欧盟市场上的比较优势，以及这些产业在 1995—2005 年的优势变化情况。结果显示，土耳其的果汁和橄榄油产业在欧盟市场上比较优势突出，西红柿则不具备比较优势。Yu 等[②]用标准化的显性比较优势指数（NRCA）研究美国夏威夷农产品在美国内陆市场的比较优势，结果表明夏威夷种植甘蔗和菠萝的黄金时代已经过去，科纳咖啡和石斛具有比较优势且趋势是不断增强的。Xin Wang[③]认为中国四川省发展猕猴桃产业的优势在于良好的生态环境和多样化的自然资源，提出依靠科技创新、实施品牌战略来发展四川省苍溪县的猕猴桃产业。Shinoj 和 Mathur[④]研究发现同亚洲其他农产品出口国如中国、斯里兰卡、印度尼西亚和泰国等相比，印度在腰果和油粕粉的出口上具有比较优势，而茶叶、咖啡、调料、水产品的出口方面则不具备比较优势。国外对农业结构的研究多是对“农场结构”的研究。美国经济学家克努森（R. D. knutson）在《农业与食物政策》一书中将农业结构定义为“农场的数量和规模、资源的所有权和支配权，及对农场活动进行管理的技术和资本的组织”[⑤]。Skesters 等[⑥]研究了拉脱维亚第四次农业改革后拉脱加尔地

---

① Serin, Vildan, Civan, Abdulkadir, “Revealed Comparative Advantage and Competitiveness: A Case Study for Turkey towards the EU”, *Journal of Economic & Social Research*, No. 10, 2008, pp. 25 – 41.

② Run Yu, Junning Cai, Loke, MatthewPing, Sun Leung, “Assessing the Comparative Advantage of Hawaii's Agricultural Exports to the US Mainland Market”, *Annals of Regional Science*, Vol. 45, No. 2, 2010, p. 480.

③ Xin Wang, Analysis of Advantages, “Benefits and Strategies of the Development of Kiwifruit Industry in Sichuan Cangxi County”, *International Journal of Business and Management*, Vol. 6, No. 12, 2011, p. 291.

④ Shinoj P., V. C. Mathur, “Comparative Advantage of India in Agricultural Exports to Asia: A Post – reforms Analysis”, *Agricultural Economics Research Review*, Vol. 21, No. 1, 2008, p. 63.

⑤ ［美］克努森等：《农业和食品政策》，上萨德尔里弗：普伦蒂斯·霍尔出版社（Prentice Hall）2004 年版，第 290—301 页。

⑥ Stanislavs Skesters, Dana Svedere. Aina Muska, “Development of Farm Structure Impacted by the Agricultural Reform in Latgale Region”, *European Integration studies*, No. 4, 2010, p. 131.

区农场结构的变化。结果表明小农场和极小农场的数量减少，土地和农业资源向大的农业企业集中，拉脱加尔地区失业率上升，农民收入下降。

二 国内研究综述

（一）国内对农产品比较优势的研究

比较优势理论创立之初，多用于分析发达国家的工业和国际贸易。20 世纪 80 年代以来农业比较优势的研究才引起了经济学家的重视。在农业比较优势研究中有两种模式：一是把农业纳入整个国民经济中，将整个农业作为一个产业来研究其比较优势；二是研究单个农产品的比较优势。用得比较多的是第二种研究模式，用于一个国家（地区）不同产品、不同国家（地区）同一产品或不同产品的优势度比较。

2000 年以前，国内学者对比较优势的研究多是定性研究。杨东升提出，农业比较优势深化的标志是农业总产值中精深加工产品增加值的比重、出口产品中精深加工产品的比重得到提高，并用比较成本、生产成本、经济效益来分析农业的比较优势。杨学锋、冯晓波[①]认为发挥比较优势就应根据本国的资源禀赋状况，进口本国相对稀缺资源生产的产品，出口本国相对丰富资源生产的产品，提高资源配置效率和社会福利。2000 年以后比较优势的定量研究逐渐增多，研究方法有以下几类。

1. 国内资源成本法（DRCC）

国内学者利用 DRCC 研究农业比较优势的较多。李崇光等[②]运用 DRCC（Domestic Resources Cost Coefficient）系数对湖北省农产品比较优势进行研究，发现与全国对比，湖北水稻生产、棉花生产最具有比较优势。李崇光虽然在研究中提出了运用 DRCC 方法，但是仅仅计算分析了湖北省水稻、小麦、玉米、棉花、油料、生猪六种主要农产品的 DRCC 系数，研究具有局限性。徐志刚等[③]运用国内资源成本法测定了当时中

① 杨学锋、冯晓波：《比较优势与农业产业结构提升》，《学术论坛》1999 年第 3 期。

② 李崇光、张俊飚、秦远志：《论湖北农业发展与比较优势》，《湖北社会科学》1998 年第 7 期。

③ 徐志刚、钟甫宁、傅龙波：《中国农产品的国内资源成本及比较优势》，《农业技术经济》2000 年第 4 期。

国主要农产品相对于国际市场的比较优势状况。研究表明，与国际市场相比，中国经济作物生产普遍具有显著的比较优势；而中国玉米国内生产已完全丧失比较优势。徐志刚等[①]运用国内资源成本系数DRCC和资源成本系数比RDRCC（Ratio Domestic Resources cost Coefficients）对江苏省及周边省市（包括上海、安徽、浙江、江西、湖北和湖南）的农业生产比较优势进行了测算，分析江苏省相对于上述地区的农业比较优势。建立了国内资源成本系数比（RDRCC），并将该指标用于分析国内不同地区农业生产的相对比较优势，改变了以往DRCC方法只能用于分析一国或地区相对于国际市场的优势程度的情况，为地区生产结构的调整提供直接依据。徐志刚[②]以比较优势理论为依据，通过全面测定中国主要农产品生产层面上潜在的比较优势、生产资源配置效率和生产受保护程度等状况及各省市间的比较优势差异，在详细分析各地区主要农产品相对比较优势格局的基础上，为全国农业生产的总量结构调整和各地区的农业生产结构调整提供参考意见。曾福生、李娜[③]利用国内资源成本法（DRCC）对湖南省具有代表性的五种农产品的优势进行定量研究，分别是水稻、棉花、油菜、柑橘、生猪，比较优势依次为柑橘、水稻、生猪、棉花、油菜。叶春辉[④]利用国内资源成本法测定了中国主要农产品在生产层面上的比较优势，动态模拟了12种农业结构调整的方案，以农民收入最大化为目标，剖析了农业生产结构变动与农民收入变动的关系，对于指导农业结构的调整具有重要的现实意义。

2. 农业生产经济指标研究法

蓝万烁[⑤]选取了资源禀赋指标、比较生产率指标、农业比较机会成本、农业资产比较优势、农业比较利益5项指标来分析中国省级区

---

① 徐志刚、封进、钟甫宁：《江苏省农业比较优势格局及与周边省市比较分析》，《长江流域资源与环境》2001年第7期。

② 徐志刚：《比较优势与中国农业生产结构调整》，南京农业大学，2001年。

③ 曾福生、李娜：《比较优势与湖南农业结构调整》，《湖南农业大学学报》2001年第9期。

④ 叶春辉：《比较优势与中国种植业生产结构调整》，南京农业大学，2004年。

⑤ 蓝万炼：《我国各省区农业生产比较优势与农业相对比重分析》，《农业技术经济》2001年第2期。

域的农业生产比较优势，并根据5项指标各自的权重来计算不同省份综合的农业生产比较优势，为农业比较优势的研究开辟了新的领域和方法。蓝庆新[①]选取农业政策分析模型（PAM）分析了中国绿豆、早籼稻、晚籼稻、粳稻、小麦等代表性农产品的政策保护系数和比较优势指数，针对不同种类的农产品提出了不同的政策建议。蓝庆新的研究从政策的角度提出了中国农业结构调整的方向，丰富了农业比较优势的研究内容。

3. RCA 指数和 TC 指数法

帅传敏、张金隆[②]分析了中国农业的资源禀赋、经济规模、劳动生产率和科技水平等因素，并用显性比较优势指数法（RCA）分析了中国农业的国际竞争力，结果表明，中国不同种类农产品的比较优势发生了变化，多数土地密集型农产品的比较优势减弱，而一些劳动密集型农产品的优势增强。唐敏、张廷海[③]从资源禀赋、规模经济、科技水平和农业政策与贸易制度4个方面，分析了中国农业的比较优势，并采用RCA指数法计算了中国10种主要农产品的国际竞争力，并在此基础上提出了提升中国农业竞争力的对策，认为这种状况反映出中国土地资源稀缺这一现象，但通过政策调整可以改善中国农产品比较优势。李应中[④]总结了3种农业比较优势的计算方法，包括转换法、国内资源成本法、显性比较优势法，并探讨了比较优势原理在农业上的运用。庄丽娟[⑤]分析了传统比较优势理论用于研究农业竞争力时的缺陷，重新厘清了比较优势与竞争优势的关系，并提出将二者结合起来建立分析农业国际竞争力的框架。单培、梅翠[⑥]分产品计算了1996—2002年中国农产品的产业贸易

---

① 蓝庆新：《我国农业比较优势及政策效果的实证分析》，《南京社会科学》2004年第5期。

② 帅传敏、张金隆：《中国农业比较优势和国际竞争力》，《对外经贸实务》2002年第7期。

③ 唐敏、张廷海：《比较优势与中国农业的国际竞争力》，《农业经济问题》2003年第11期。

④ 李应中：《比较优势原理及其在农业上的运用》，《中国农业资源与区划》2003年第4期。

⑤ 庄丽娟：《比较优势、竞争优势与农业国际竞争力分析框架》，《农业经济问题》2004年第3期。

⑥ 单培、梅翠：《从农产品的比较优势变化看我国农业贸易政策的调整》，《农村经济》2005年第10期。

竞争指数（TC 指数）并计算了 1993—2002 年中国农产品贸易的整体 RCA 指数，结果表明中国农产品的显性比较优势指数整体大幅下降，TC 指数也缺乏竞争力。黄照影[1]运用显性比较优势指数，对 1994—2003 年中国农业的比较优势进行定量计算，结果显示：土地密集型农产品如谷类及其制品等大宗农产品的比较优势减弱，劳动密集型农产品如蔬菜及水果、水产品、丝等产品比较优势突出，资金技术密集型的乳制品及禽蛋、动物油脂等劣势明显。

4. 综合比较优势指数法（AAI）

郭翔宇、刘宏[2]利用综合比较优势指数法研究了黑龙江省农产品的比较优势和省内不同地区间比较优势的差异，并依据比较优势提出了黑龙江省农业结构优化的方向。崔振东[3]利用国内资源成本系数法和综合优势指数法，对延边州农产品比较优势的品种、地区差异以及比较优势与专业化的协调性进行分析。在比较优势分析的基础上，结合延边州实际，如农产品市场供求状况、农业结构状况、自然资源状况、政策条件等，提出了延边州农业结构优化的具体方向，进行了生产布局规划。崔振东的研究深入到延边州、县市和乡镇 3 个层次，并将延边州农产品的比较优势系数同专业化系数进行协调性研究。王晶晶、阎述乾[4]分析了甘肃省特色农业如马铃薯、蔬菜、烤烟、中药材、苹果等产品的综合比较优势，并根据计算结果对甘肃省特色农业加以分类，针对性地提出增强不同种类特色农业的产业竞争力的对策。栾立明[5]通过综合比较优势指数法对吉林省大豆产业进行研究，将吉林省大豆产业同全国其他大豆优势产区，如黑龙江、内蒙古、安徽等地进行比较，研究结果显示吉林

---

① 黄照影：《我国农业比较优势向竞争优势转换的探析》，《农业现代化研究》2006 年第 5 期。

② 郭翔宇、刘宏：《比较优势与农业结构优化》，中国农业出版社 2005 年版。

③ 崔振东：《延边州农产品比较优势与农业结构优化研究》，沈阳农业大学，博士学位论文，2006 年。

④ 王晶晶、阎述乾：《甘肃省特色农业发展比较优势实证分析》，《黑龙江农业科学》2011 年第 5 期。

⑤ 栾立明：《吉林省发展大豆产业的比较优势分析》，《税务与经济》2010 年第 2 期。

省大豆产业的规模优势、效率优势和综合优势都比较突出，提出应大力发展大豆产业，使其成为支柱产业。李瑾、秦向阳[①]用综合比较优势指数法测算了全国31个省份的生猪、肉牛、蛋禽、肉羊、肉禽、奶类等主要畜产品的比较优势，将全国畜牧业生产分为华北、东北、东南沿海、华中、西南、西北6个区域，分析中国畜牧业生产的区域优势，并提出根据不同的区域优势布局全国的畜牧业生产格局。李瑾、秦向阳的研究将比较优势研究同全国畜牧业的区域布局结合起来，对指导中国畜牧业的区域布局、发挥比较优势具有重要意义。

（二）国内对农业结构的研究

国内对农业结构的理论研究和定性研究较多，定量分析较少。研究主要包括以下几个方面：技术进步与农业结构优化，用灰色关联分析法（GRA，Grey Relational Analysis）研究农业结构优化、农业结构调整与农业经济发展的关系，利用VAR模型研究农业结构优化等。

1. 技术进步与农业结构优化

刘辉等[②]以农业技术进步和比较优势理论为指导，分析了湘西自治州科技扶贫开发型模式的运行，总结了这种运行模式的经济、社会和生态效益，在此基础上提出了改良运行模式和农业结构的建议。张玉明、李娓娓[③]研究了技术创新对农业结构的“传导”效应和“冲击波”效应、规模效应和替代效应，提出利用技术创新可以推动山东省农业结构调整。曾福生、匡远配[④]分析了技术进步对农业结构升级的作用机理。李咏梅、唐冰璇[⑤]探讨了技术进步推动农业结构调整的原理，并以此为理论指导，分析了浏阳丘陵地区农业现代化区位模式。

---

① 李瑾、秦向阳：《基于比较优势理论的我国畜牧业区域结构调控研究》，《农业现代化研究》2009年第1期。

② 刘辉、黄大金、曾福生：《技术进步促进农业结构优化——湖南湘西科技扶贫开发型运行模式研究》，《湖南农业科学》（社会科学版）2004年第2期。

③ 张玉明、李娓娓：《技术创新效应与农业结构优化调整对策——以山东省为例》，《农业现代化研究》2006年第7期。

④ 曾福生、匡远配：《论技术进步促进农业结构优化的作用机理》，《科技进步与对策》2005年第2期。

⑤ 李咏梅、唐冰璇：《技术进步促进农业结构优化的机理与应用模式——以湖南省浏阳市为例》，《湖南农业大学学报》（社会科学版）2008年第6期。

2. 基于灰色关联分析的农业结构优化研究

南秋菊等[①]以河北省沽源县为例，运用灰色关联分析法研究第一产业内部各子产业包括种植业、林业、畜牧业等同第一产业产值的灰色关联系数，并分析了各子产业内部相关指标与各子产业产值的相关系数，研究结论为沽源县应重点发展畜牧业、马铃薯等。王瑞娜、唐德善[②]应用灰色关联分析法对辽宁省第一产业结构进行分析，发现对第一产业产值影响最大的是种植业，对种植业产量影响最大的是玉米，对肉类产量影响最大的是猪肉产量。并进一步运用 GM（1，1）模型对未来 5 年内辽宁省农业结构进行模拟和预测，结论是未来 5 年内辽宁省农业结构将改善。马期茂、严立冬[③]运用灰色关联分析方法分析 1998—2008 年来中国种植业、林业、渔业、牧业产值和农林牧渔业总产值之间的灰色关联系数，表明林业、渔业、种植业与总产值的关联度高，牧业关联度低，提出中国应改善农业结构。吴凯、卢布[④]通过计算东北地区主要农产品的集中系数、区位熵来确定具有比较优势的农产品，并运用灰色关联分析法确定东北地区的主导产业，并针对性地对黑龙江、吉林、辽宁和内蒙古 8 旗（市）提出了不同的农业结构优化的策略。

3. 农业结构优化与农业可持续发展

祖廷勋[⑤]剖析了农业产业结构优化与可持续发展的关系，分析了张掖市农业发展的自然资源条件以及农业结构的态势，提出要调整农业内部种植业、林业、畜牧业的比重，大力发展畜牧业；并调整种植业结构，提高农产品加工业的档次。王淑艳等[⑥]建立了可持续农业产业结构优化

---

① 南秋菊、马礼、甘超华：《坝上地区农业产业结构优化的灰色关联分析》，《农业系统科学与综合研究》2005 年第 5 期。

② 王瑞娜、唐德善：《基于灰色理论的辽宁省农业产业结构优化研究》，《农机化研究》2007 年第 12 期。

③ 马期茂、严立冬：《基于灰色关联分析的我国农业结构优化研究》，《统计与决策》2011 年第 21 期。

④ 吴凯、卢布：《东北农区农业结构的熵分析及其优化》，《农业现代化研究》2007 年第 3 期。

⑤ 祖廷勋：《可持续发展中农业产业结构优化问题研究——以甘肃张掖市农业产业结构调整为例》，《生产力研究》2007 年第 5 期。

⑥ 王淑艳、孟军、赵红杰：《区域可持续农业产业结构优化模型的建立及应用》，《农机化研究》2009 年第 2 期。

的非线性和多目标优化模型，并将该模型用于指导黑龙江省农业产业结构的优化。

4. 农业经营机制结构优化的研究

华伟、陆庆光[①]选取了安徽省3个村庄作为研究对象，对改革开放以来我国农村的几种农户模式加以研究，利用资源位元素量差分析的方法，从中选出最佳的农户经营组织模式，从而优化农业经营机制的结构，提出中国解决三农问题要构建农户企业化经济系统。

5. 农业结构优化的VAR（向量自回归模型）研究

向量自回归模型（VAR）对于相互联系的时间序列变量系统是有效的预测模型，在产业结构的研究上得到了广泛的应用。胡春阳等[②]利用VAR模型研究了安徽省产业结构变动与农业经济增长的关系，研究发现安徽省产业结构的变动和农业经济增长之间存在着长期均衡的关系。邵一珊、李豫新[③]利用VAR方法研究新疆兵团农业结构调整和农业经济增长的相互关系，表明农业结构调整促进农业经济增长，而农业经济增长不是农业结构调整的Granger原因。查道中、吉文惠[④]利用VAR模型研究了居民消费结构与产业结构和经济增长的关系，发现三者之间存在长期均衡关系，经济增长可以提升居民消费结构，但是对城市居民消费结构的影响领先于对农村居民消费的影响。李春生、张连城[⑤]基于VAR模型研究了改革开放以来中国经济增长与产业结构的互动关系，研究结果表明二者之间存在长期均衡的关系，第二产业对经济增长的贡献较大，产业结构对经济增长的贡献不突出。

---

① 华伟、陆庆光：《农业经营机制的结构优化与实证分析》，《农业技术经济》2006年第1期。

② 胡春阳等：《基于VAR模型的产业结构变动与农业经济增长关系研究》，《经济经纬》2011年第6期。

③ 邵一珊、李豫新：《新疆兵团农业结构调整与农业经济增长关系研究》，《石河子大学学报》2009年第3期。

④ 查道中、吉文惠：《城乡居民消费结构与产业结构、经济增长关联研究——基于VAR模型的实证分析》，《经济问题》2011年第7期。

⑤ 李春生、张连城：《我国经济增长与产业结构的互动关系研究》，《工业技术经济》2015年第6期。

三 简要评述

国内对农业比较优势的研究方法主要有国内资源成本法（DRCC）、综合比较优势指数法（AAI）、显性比较优势指数（RCA）和贸易竞争力指数（TC）。其中国内资源成本法、区位商和综合比较优势指数法主要研究农业生产方面的优势，而显性比较优势指数和贸易专业化指数研究的是流通方面的优势，尤指对外贸易方面的优势。研究农业的产业比较优势时，多是以农业相关的各项经济指标为研究对象。研究区域农产品生产方面的比较优势时，运用综合比较优势指数法的较多。

国内对农业比较优势的定量研究较多，而对农业结构调整和优化的定量研究较少。许多学者能将农业比较优势和农业结构优化的研究结合起来，但对一个国家或地区农业结构和比较优势的协调性研究，则缺乏科学的分析框架，研究不够深入。而且对农业结构缺乏系统完善的评价标准，更缺乏对农业结构是否合理的定量分析。

第三节 研究目标与内容

一 研究目标

研究以比较优势的理论基础为指导，运用各种方法实证分析并发现吉林省农产品生产的优势所在，在比较优势的基础上探索吉林省农业结构调整的途径，提高农业资源配置效率，增加农民收入。预期研究目标是为吉林省农业结构的优化和调整提供理论和实践指导，为农业部门的决策提供参考意见，提高农业运行效率和效益。具体的研究目标包括：

第一，对吉林省主要农产品的比较优势进行测定，确定吉林省农业生产在全国所处的地位。对吉林省 9 个地区农产品进行比较优势的测算，分析不同地区的比较优势。第二，对吉林省农业结构进行分析，包括对农业产业结构和产品结构的评价两个层次，利用 VAR 模型评价吉林省农业产业结构，运用灰色关联分析法评价吉林省农产品结构。第三，将吉林省农产品比较优势和农业结构进行协调性分析，判断吉林省农业结构是否按照比较优势的原则进行优化和布局，二者是否做到了协调发展。第四，依据比较优势原则，分析吉林省农业结构优化的路径和农产品区域布局，以提高吉林省农业生产效率和资源配置效率。

二　研究内容

研究将以比较优势理论为依据，运用综合比较优势指数法全面测定和分析吉林省主要农产品的比较优势及变动趋势和规律，并测算吉林省不同地级市农产品的比较优势差异。分析吉林省农业结构的现状，并采用计量经济学的研究方法定量分析吉林省农业各产业之间的关系以及不同农产品种类与农业总产值的关联度。在分析比较优势和农业结构的基础上，提出依据比较优势进行农业结构优化的原则和方法。

导论：对本书涉及的问题以及所处的背景作详细介绍，并对前人关于农产品比较优势和农业生产结构调整的研究进行综述。在此基础上找到本书的切入点并对整个研究的框架进行描述。

研究方法与数据来源：该部分在对较为常用的比较优势测定方法介绍评价的基础上，详细介绍本研究采用的综合优势指数法，并提出了相对比较优势和地区专业化系数的分析框架；介绍对农业结构进行实证分析的 VAR 模型和灰色关联分析法，并对研究采用的数据和来源进行必要的交代。

概念界定和理论研究：对本书涉及的概念和研究范围进行界定，主要研究吉林省种植业产品和畜产品的比较优势和结构，对本研究的理论依据作简单的回顾。

吉林省主要农产品比较优势测算：主要运用综合比较优势指数法、比较分析法全面测定和分析吉林省主要农产品的比较优势，并将吉林省农产品生产的优势情况同全国平均状况及临近的辽宁省、黑龙江省和内蒙古自治区进行对比分析。

吉林省农产品比较优势的区域差异分析：对吉林省农产品比较优势进行更深层次、更细化的分析。根据吉林省行政区划，分析九个地级行政单位农产品比较优势的状况，并分析吉林省东、中、西三部分农产品比较优势的差异，为吉林省农产品区域布局提供依据。

吉林省农产品贸易比较优势与竞争力分析：从宏观上阐释当今农产品国际贸易的背景和格局，定量分析吉林省农产品贸易的规模和结构，针对吉林省农产品贸易中存在的问题，提出提高吉林省农产品国际竞争力的对策建议。

吉林省农业结构分析和评价：分析吉林省农业产业结构和产品结构。利用 VAR 模型分析并评价吉林省农业结构，并判断农业内部不同产业间的相互关系和带动作用；利用灰色关联分析法评价吉林省农产品结构，确定不同种类的农产品与农业总产值的关联度。

吉林省农产品比较优势与农业结构协调性分析：本章利用相对比较优势指数和地区专业化系数，检验吉林省农业生产是否按照比较优势原则进行分工和布局，将相对比较优势指数同专业化系数进行对比分析。

基于农产品比较优势分析的结构优化路径与区域布局：在比较优势分析的基础上，提出吉林省农业结构优化的方向，并进一步对吉林省农产品优势区域布局进行规划。

乡村振兴与吉林省乡村旅游：从理论上剖析乡村旅游促进乡村振兴的作用机理，同时从吉林省实际出发，分析了吉林省乡村旅游发展的现状、发展中存在的问题，针对这些问题提出发展乡村旅游促进乡村振兴的路径。

第四节 研究方法与技术路线

一 研究方法

本书采用比较优势指数法计算吉林省及各地区农产品的比较优势，

利用计量经济方法定量分析和评价吉林省农业产业结构和产品结构。在综合分析以往学者研究农产品比较优势和农业结构的各种方法的基础上，本书采用下列具体的分析方法：

（一）改进的综合比较优势指数法

本书在第三章和第四章运用改进的综合比较优势指数对吉林省主要农产品的比较优势进行测算，包括规模优势指数、效率优势指数、效益优势指数及综合优势指数，具体的表达如下：

$$SAI_{ij} = \frac{GS_{ij}/GS_i}{GS_j/GS} \tag{1.1}$$

其中，SAI_{ij}为规模优势指数，GS_{ij}为 i 区 j 种作物的播种面积，GS_i 为 i 区所有作物的播种面积；GS_j 为全国 j 种作物的播种面积，GS 为全国所有作物的播种面积。若 $SAI_{ij} > 1$，则说明 i 区 j 种作物具有规模优势。

$$EAI_{ij} = \frac{N_{ij}/N_i}{N_j/N} \tag{1.2}$$

其中，EAI_{ij}为效率优势指数，N_{ij}为 i 区 j 种作物的单产，N_i 为 i 地区所有作物的平均单产，N_j 表示全国 j 作物的平均单产，N 表示全国所有作物的平均单产。若 $EAI_{ij} > 1$，则说明 i 区 j 种作物具有效率优势。

$$BAI_{ij} = \frac{NO_{ij}}{NO_j} \tag{1.3}$$

其中，BAI_{ij}为效益优势指数，NO_{ij}为 i 区 j 种作物的每亩净利润，N_j 表示全国 j 种作物的平均每亩净利润。若 $BAI_{ij} > 1$，则说明 i 区 j 种作物具有效益优势。

$$MAAI = \sqrt[3]{SAI \times EAI \times BAI} \tag{1.4}$$

其中，$MAAI$ 为改进的综合优势指数，SAI 为规模优势指数，EAI 为效率优势指数，BAI 为效益优势指数。如 $MAAI > 1$，则说明与全国平均水平相比，i 区 j 种作物具有比较优势；如 $MAAI < 1$，则说明与全国平均水平相比，i 区 j 种作物不具备比较优势（或具有比较劣势）。与传统的

综合优势指数法相比，改进的综合优势指数法除了考虑种植规模、作物单产之外，还综合考虑了作物的盈利能力，即前述的效益优势指数，不仅分析作物的生产条件，还考虑到作物的经济效益，因此比传统的综合优势指数更能反映作物的综合比较优势。

综合比较优势指数法不仅可以用来测算种植业产品的综合比较优势，还可以用于畜产品比较优势的测算。测算畜产品比较优势时，采用养殖数量计算规模优势指数，采用产量比重计算效率优势指数，综合考虑养殖数量和产量计算综合比较优势。

（二）VAR 模型和 VEC 模型

向量自回归（VAR）模型是一种利用非结构方法建立各个变量之间相互关系的方法，1980 年西姆斯（C. A. Sims）[①] 将 VAR 模型引入到经济学中，推动了经济系统动态性分析的广泛应用。本书第五章利用 VAR 模型分析和评价吉林省农业结构。VAR 模型的形式一般表示为：

$$y_t = \Phi y_{t-1} + \cdots + \Phi_p y_{t-p} + Hx_t + \varepsilon_t \quad t = 1, 2, \cdots, T \qquad (1.5)$$

其中，y_t 是 k 维内生变量，x_t 是 d 维外生变量，p 是滞后阶数，T 是样本个数。$k \times k$ 维矩阵 Φ_1，…，Φ_p 和 $k \times d$ 维矩阵 H 是待估计的系数矩阵，ε_t 是扰动向量。

Engle 和 Granger 将协整和误差修正模型结合起来，建立了向量误差修正模型（VEC）。在 VAR 模型中的每个方程都是一个自回归分布滞后模型，因此，可以认为 VEC 模型是含有协整约束的 VAR 模型，多用于具有协整关系的非平稳时间序列建模[②]。误差修正模型的表示方法为：

$$\Delta y_t = \alpha ecm_{t-1} + \sum_{i=1}^{p-1} \Gamma_i \Delta y_{t-i} + \varepsilon_t \qquad (1.6)$$

其中，每一个方程都是一个误差修正模型。$ecm_{t-1} = \beta' y_{t-1}$ 是误差修

① C. A. Sims, "Macroeconomics and Reality", *Econometrica*, 1980, No. 48, pp. 1 – 48.

② 转引自易丹辉《数据分析与 Eviews 应用》，中国统计出版社 2002 年版，第 150—153 页。

正向量，反映变量之间的长期均衡关系，系数矩阵 α 反映了变量偏离长期均衡状态时，将其调整到均衡状态的调整速度。

VAR 模型往往不分析一个变量的变化对另一个变量的影响如何，而通常通过脉冲响应函数和方差分解来分析模型中每一个内生变量的冲击对其他内生变量的影响，以及每一个结构冲击对内生变量变化（通常用方差度量）的贡献度。对于多变量的 VAR（p）模型，一个变量的脉冲引起的另一个变量的响应函数可以表示为：

$$\theta_{ij}^{(q)} = \frac{\partial y_{i,t+q}}{\partial \varepsilon jt}, \ q=0, 1, \cdots, t=1, 2\cdots, T \tag{1.7}$$

式（1.7）作为 q 的函数，描述了在时期 t，第 j 个变量的扰动项增加一个单位，其他扰动不变，且假定其他时期扰动项均为常数的情况下，$y_{i,t+q}$对 ε_{jt} 一个单位冲击的反应，称为脉冲响应函数。

方差贡献率（RVC）一般表示为：

$$RVC_{j\to i}(s) = \frac{\sum_{q=0}^{s-1}(\theta_{if}^{(q)})^2\sigma_{jj}}{\sum_{j=1}^{k}\{\sum_{q=0}^{s-1}(\theta_{ij}^{(q)})^2\sigma_{jj}\}}, i,j = 1,2,\cdots k \tag{1.8}$$

如果 $RVC_{j\to i}$（s）大时，意味着第 j 个变量对第 i 个变量的影响大，反之则认为第 j 个变量对第 i 个变量的影响小。

（三）灰色关联分析法（GRA）

灰色关联分析法研究系统中不同因素之间，或不同事物之间变化趋势的一致性。通过计算关联度来计算不同事物或因素之间的关联程度，关联度较高，则说明事物之间的变化趋势的一致性较高，反之亦然①。本书第六章利用灰色关联分析法研究并评价吉林省农产品结构。灰色关联分析法的操作步骤如下。

第一步，确定参考序列和比较序列，一般将反映系统行为特征的序列作为参考序列，将影响系统行为的因素组成的序列作为比较序列。参

① 党耀国：《灰色预测与决策模型研究》，科学出版社 2009 年版，第 96—100 页。

考序列和比较序列的形式记为：

$$X_0 = \{x_0(1), x_0(2), \cdots, x_0(n)\} \tag{1.9}$$

$$X_1 = \{x_1(1), x_1(2), \cdots, x_1(n)\} \tag{1.10}$$

$$X_2 = \{x_2(1), x_2(2), \cdots, x_2(n)\} \tag{1.11}$$

……

$$X_m = \{x_m(1), x_m(2), \cdot\cdot\cdot x_m(n)\} \tag{1.12}$$

其中，X_0 是参考序列，X_1—X_m 为 m 个比较序列。该方法就是要计算比较序列和参考序列之间的关联程度，关联度越高的序列说明与比较序列的变化一致程度越高。

第二步，对序列进行无量纲化处理。数据序列处理的方法包括初值化处理、均值化处理、百分比处理和倍数化处理，根据数据性质的不同采用不同的处理方法。经过处理后的数据序列记为：

$$X_0' = \{x_0'(1), x_0'(2), \cdots, x_0'(n)\} \tag{1.13}$$

……

$$X_i' = \{x_i'(1), x_i'(2), \cdots, x_i'(n)\} \quad i=1, 2, \cdots, m \tag{1.14}$$

式（1.13）是处理后的参考序列，式（1.14）是处理后的比较序列。

第三步，计算关联系数，计算公式为：

$$\xi_{0i}(k) = \frac{\triangle(\min) + \rho\triangle(\max)}{\triangle i(k) + \rho\triangle(\max)} \tag{1.15}$$

其中，ξ 为关联系数，Δ（min）为参考序列和比较序列差的绝对值的最小值，$\triangle$（max）为参考序列和比较序列差的绝对值的最大值，ρ 为分辨系数。

第四步，计算关联度，一般采用邓氏关联度：

$$\gamma(x_0, x_i) = \frac{1}{n}\sum_{i=1}^{n}\xi(x_0 k, x_i k) \tag{1.16}$$

其中，γ 即为序列 x_i 和序列 x_0 的关联度。

二 技术路线

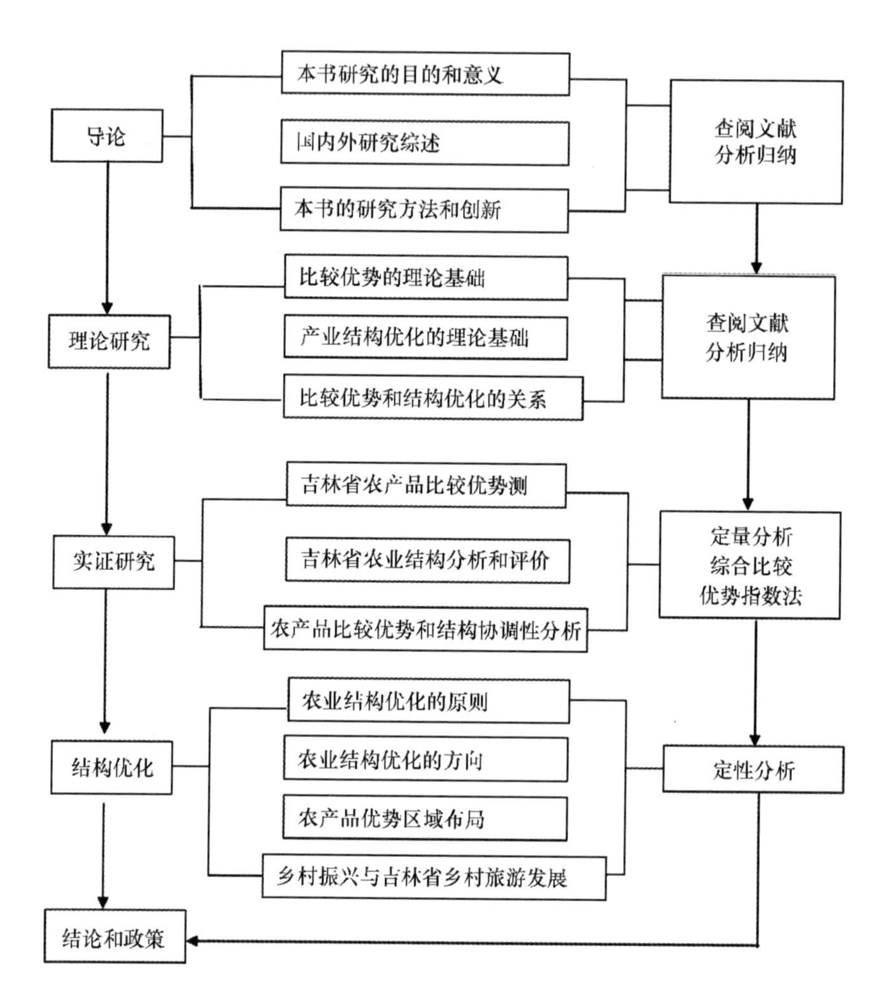

图1－1 技术路线

第五节 研究创新

从研究内容来看，本书将比较优势和结构调整的研究结合起来，在比较优势的基础上探索区域农业结构调整的途径，对各种具体的农产品是应该扩大还是缩减种植面积提出了明确的建议，而以往结构调整的研究多是提出调整的方向，缺乏针对不同产品进行结构调整的确切建议。对于推进农业供给侧改革、提高吉林省农业生产效率提供了借鉴。

从研究范围看，在研究农产品综合比较优势时，不仅研究其综合比较优势，还细致研究了吉林省各种农产品的规模优势、效率优势和效益优势，而以往的研究只包含了规模优势和效率优势，并未研究效益优势。通过研究效益优势指数可以明确农产品的盈利能力，以此为基础进行结构调整更加全面和科学。同时可以明确综合比较优势主要来源于哪一种优势，据此提出农业结构优化的方向时更确切，更有针对性。

在研究农产品比较优势和农业结构的协调性时，将以往学者地区专业化研究的方法加以改进，建立相对比较优势指数和专业化系数的分析框架，研究二者的协调性，避免了不同地区按照自身比较优势生产可能导致的地区间生产结构的重复。同时分析了吉林省及各地区农产品相对比较优势的变动和专业化系数的变动趋势是否一致。

从研究方法来看，本书利用综合比较优势指数法研究吉林省及各个地区农产品的比较优势状况，并引入数学分析的方法，运用VAR模型对吉林省农业结构进行定量分析，并判断农业内部不同产业间的相互促进作用。在产业结构评价的基础上，进一步利用灰色关联分析法评价了吉林省农产品结构，深化了对吉林省农业结构的研究。

第二章　概念界定和研究的理论基础

本书对农业比较优势的研究从农产品的角度着手，并对吉林省内不同地区农产品的比较优势进行研究，涉及的农产品种类繁多，不同区域的差异也较大，因此有必要对相关的概念进行厘清和界定。本章首先界定相关概念，然后对论文相关的理论进行研究。

第一节　概念界定

比较优势（Comparative Advantage）是指如果一个国家在本国生产一种产品的成本（用其他产品来衡量）低于其他国家生产该产品的成本的话，则这个国家在生产该种产品上就拥有比较优势。例如，两个国家A和B，生产两种产品X和Y，A国在两种产品的生产上技术水平都低于B国，但产品X的差距较小，而产品Y的差距较大，则X产品就是A国具有比较优势的产品，Y产品就是B国具有比较优势的产品。因此，比较优势的关键在于“比较”，即“两利相权取其重，两害相权取其轻”。本书所讲的农产品比较优势研究的是吉林省这一区域农产品的比较优势，研究吉林省水稻、玉米、大豆、油料作物、糖料作物、烤烟、蔬菜和水果8种种植业产品和猪肉、牛肉、羊肉、禽肉、牛奶5种畜牧产品的规模比较优势、效率比较优势和效益比较优势，将全国的平均水平作为比较的对象，运用改进的综合比较优势指数法来计算不同农产品的比较优势；同时将吉林省农产品比较优势状况同辽宁省、黑龙江省和内蒙古自

治区进行对比分析。

厉为民指出国内学者对农业结构的定义包括狭义的农业结构和广义的农业结构。狭义的农业结构是指农业内部种植业、林业、畜牧业、渔业的构成及所占的比例，以及种植业、林业、畜牧业、渔业内部各种产品的构成以及每一个品种中的品质构成及比例。因此，狭义的农业结构包含两个层次，第一个层次是种植业、林业、牧业、渔业的产业结构，第二个层次是各子产业内部的产品结构。广义的农业结构还包括农业的区域布局，农业中种养业、农产品加工业和农产品储藏、运输、服务等第三产业的构成及比例①。国外对农业结构的定义一般指农场结构，包括一个国家从事农业生产的农场的数量、规模、收入；生产者对生产活动的决策权和支配权；农场的基本组织和制度等。本书所讲的农业结构主要是指狭义的农业结构，在研究吉林省农业内部各子产业结构的基础上，重点研究种植业和畜牧业内部不同产品的结构比例。

农业结构优化指的是农业结构的合理化和高级化，它与农业结构调整是不可分割的。农业结构调整是一个动态的概念，是指根据农产品需求结构的变化改变农产品的生产结构，根据农产品比较优势的不同调整资源的配置，从而使农业生产和市场需求相协调的过程，农业结构调整的结果是实现农业结构优化。农业结构包括农业产业结构和产品结构，农业结构的优化既指农业内部种植业、畜牧业、林业、渔业地位和比重的变化，也指种养业中各种产品的构成及比例的变化。本书研究的农业结构优化是指农业生产根据比较优势原则进行安排和布局，农业生产各部门比例合理，能够满足高层次的消费需求。

第二节　比较优势研究的理论基础

比较优势理论最初是用于分析国际贸易领域不同国家之间优势的差异。这一贸易思想源于英国古典经济学派主要代表人物亚当·斯密提出

① 厉为民：《农业结构研究》，中国农业出版社2008年版，第62—69页。

的绝对优势理论（Theory of Absolute Advantage），绝对优势理论又称为绝对成本说（Theory of Absolute Cost）、地域分工说（Theory of Territorial Division of Labor）。绝对优势理论是研究国际分工和专业化的理论，是最早的主张自由贸易的理论，绝对优势理论认为，如果一国生产一种产品的成本低于另一国，则认为该国在生产该产品时具有绝对优势；反之，如果一国生产一种产品的成本高于另一国，则说明该国在这种产品的生产上具有绝对劣势。在参与国际分工与国际贸易时，一国应专业化生产并出口本国具有绝对优势的产品，同时进口本国具有绝对劣势的产品，这样两个国家都可以获利[①]。绝对优势理论相对于15世纪、16世纪资本原始积累阶段兴起的重商主义理论具有其历史进步意义，认为国际贸易是双赢的，通过分工各个国家都专业化生产本国具有绝对优势的产品，可以在相同的要素投入基础上获得更多的产出，或者是同等产出时节约要素的投入。

大卫·李嘉图在其代表作《政治经济学及赋税原理》中提出了比较成本贸易理论（后人称为“比较优势贸易理论”），是对绝对优势理论的一种发展。比较优势理论认为，国际贸易的基础是生产技术的相对差别(而非绝对差别)，以及由此产生的相对成本的差别。每个国家都应根据“两利相权取其重，两弊相权取其轻”的原则，集中生产并出口其具有“比较优势”的产品，进口其具有“比较劣势”的产品。比较优势贸易理论在更普遍的基础上解释了贸易产生的基础和贸易利得。比较优势可以表述为：在两国之间，劳动生产率的差距并不是在任何产品上都是相等的。对于处于绝对优势的国家应集中生产优势较大的商品，处于绝对劣势的国家应集中生产劣势较小的产品，然后通过国际贸易，双方福利增加[②]。

绝对优势理论和比较优势理论虽然主张自由贸易，但假设模型都是

① ［英］亚当·斯密:《国富论》，谢祖钧等译，中南大学出版社2003年版，第380—410页。

② ［英］大卫·李嘉图:《政治经济学及赋税原理》，周洁译，华夏出版社2005年版，第91页。

单一要素模型，只考虑了一种要素投入即劳动力。新古典经济学的代表性理论要素禀赋理论即H-O理论认为要素禀赋即一国或地区的自然资源状况决定了该国（地区）的优势。本国相对丰裕的要素价格较低，密集使用该要素生产的产品成本低，具有价格优势。相反，本国相对稀缺的资源由于价格较高，密集使用该稀缺资源生产的产品成本就较高，具有价格劣势。一国在国际分工中的优势取决于该国的要素禀赋状况。赫俄理论的第二个命题为要素价格均等定理，即在一定条件下，国际贸易最终将导致各国同质要素的相对价格、绝对价格的均等①。一国的比较优势同本国的要素禀赋密不可分，如资本丰裕的国家其优势就在于资本密集型产品，而劳动力丰裕的国家其优势就在劳动密集型产品，一国要素禀赋的变化也会使本国的比较优势状况发生变化。要素禀赋理论不仅适用于国际贸易的分析，对分析农业生产的比较优势同样适用。农业生产对自然条件的依赖程度较高，各地区农业要素禀赋的差异对该地区农业比较优势有重要影响。

比较优势不是一成不变的，经济发展处于初级阶段的国家一般具有丰富的廉价劳动力和自然资源，因此这类国家在劳动密集型产品或资源密集型产品的生产上具有比较优势。随着这些国家经济的发展，要素禀赋状况也会发生变化，劳动力成本优势丧失，自然资源的获得成本提高；同时资本加速积累，技术创新层出不穷，原有的劳动力和资源优势被新的、更高级的优势所取代。随着要素禀赋结构的变化，经济结构也会发生相应的变化，资本密集型和技术密集型产品会成为新的优势产品，同时也实现了产业结构的升级。

美国经济学家雷蒙德·弗农（Raymond Vernon）提出了产品生命周期理论。他将产品生命周期分为创新期、成长期、成熟期、标准化时期和衰退期②。认为在产品生命周期的不同阶段，需要密集投入的要素是

---

① ［美］查尔斯·范·马芮威耶克：《中级国际贸易学》，夏俊等译，海财经大学出版社2005年版，第127—146页。

② 高敬峰：《国际经济学》，高等教育出版社2010年版，第75—80页。

不同的。在创新期和成长期，产品是技术密集型产品，因此技术研发和创新能力较强的发达国家由于率先掌握了这种新产品的生产技术而在这种产品的生产上具有优势。而在产品的标准化时期和衰退期，技术投入所占比例已经大幅度下降，产品生产需要大量廉价的非熟练劳动力，产品的性质发生了变化，已变成了劳动密集型产品。这个时期拥有大量廉价劳动力资源的发展中国家在该产品的生产上具有比较优势。

美国经济学家保罗·克鲁格曼提出规模经济即边际收益递增也是比较优势产生的原因①。规模经济指的是随着生产规模的扩大，产品平均成本不断下降的过程，即双倍投入会带来多于两倍的产出。因为规模经济的存在，厂商为了降低生产成本会扩大产品的生产，这就必然会使边际收益递增部门投入更多的生产要素。在短期一个经济体生产要素禀赋相对稳定的条件下，这部分多投入的生产要素来自于其他部门流出的要素。要素流入部门规模扩大，成本降低，在市场上就具有了价格比较优势。

1990 年，美国哈佛大学商学院教授迈克尔·波特提出了国家竞争优势理论（The Theory of Competitive Advantage of Nations）。他认为具有比较优势的国家未必具有竞争优势，而竞争优势才是决定一国兴衰的关键。竞争优势形成的根源在于该国的主导产业是否有竞争优势，主导产业竞争优势又取决于产业内企业的创新机制和生产效率。波特认为决定一国竞争优势的关键因素有六项，即生产要素、需求因素、相关和支持性产业、企业的战略结构和竞争、机遇和政府。前四项是一国国家竞争力的基本构成要素，是组成“钻石模型”的四个部分②。当代的竞争更多的是一种综合实力的竞争，超出了单个企业或行业的范围，一国的价值观、文化、经济结构等都会影响到本国的竞争优势。静态的比较优势不一定会转化成为实际的竞争优势，只有不断发展本国的比较优势，持有一种

① ［美］保罗·克鲁格曼：《国际经济学》，海闻等译，中国人民大学出版社 2006 年版，第 121—125 页。

② ［美］迈克尔·波特：《国家竞争优势》，《哈佛商业评论》1990 年第 2 期。

动态比较优势的观念，使本国的比较优势不断向高新产业和经济效益更可观的行业倾斜，比较优势才能真正转化为竞争优势。

许多中国学者根据当今世界和中国经济形势对比较优势的理论和思想进行研究，赋予了比较优势新的内涵。林毅夫提出现代经济发展的主要动力是持续的技术革新和结构变化，一个经济体最优产业结构的评判标准是该结构能否让本国经济在国内和国际市场上具有竞争力，而这种产业结构必须是建立在比较优势基础上的，比较优势又是由当时的要素禀赋决定的[①]。因此，一个经济体想要提升本身的竞争力，必须要升级其要素禀赋。林毅夫的研究将比较优势和产业结构结合起来，对于分析当今的经济形势更具有指导意义。

第三节　农业结构优化研究的理论基础

有关农业结构的研究要遵循产业结构的理论基础，产业结构的变动能促进经济增长，经济增长反过来又会促使新产业的产生和发展，改变现有的产业结构，二者是相互促进的。本书关于农业结构优化的研究也要依据产业结构优化理论来展开，因此这部分首先阐述产业结构的相关理论，其次对有关农业结构的理论进行研究。

有关产业结构的最早论述是马克思的两大部类分类法，将产业（物质生产部门）分为生产生产资料的部门和生产消费资料的部门两大类。作为对马克思产业分类方法的应用，苏联在经济发展中提出了“农、轻、重”的产业结构分类方法。1935 年澳大利亚学者阿伦·格·费希尔在《安全与进步的冲突》一书中，首次提出了三次产业的概念。处于人类发展的初级阶段的是第一产业，主要是种植业和畜牧业；第二阶段是以工业的大规模发展为标志的，工业是第二产业；第三阶段始于 20 世纪初，大量的劳动力和资本流入旅游、教育、保健、娱乐，这类产业被称为第三产业。

---

① 林毅夫：《新结构经济学》，北京大学出版社 2012 年版，第 17—21 页。

关于三次产业结构变动的代表性理论是配第—克拉克定律和库兹涅茨法则以及“经济服务化规律”。配第—克拉克定律提出了劳动力在三次产业间转移的规律。随着经济的发展，劳动力会从收入较低的农业部门转移到工业部门，当经济发展到一定程度时，劳动力会进一步从工业部门转移到服务业。服务业在国民经济中的比重越高，标志着一个国家的经济越发达。库兹涅茨法则进一步发展了配第—克拉克定律，认为经济发展不仅会促使劳动力就业比重在三次产业间的变化，三次产业产值结构也会发生变化。第一产业的产值和就业比重会不断下降，第二产业产值会上升，劳动力比重不变或略有上升，服务业产值大体不变或略有上升，劳动力比重会上升。但 20 世纪 70 年代以后，学者对经济发展的情况进行了实证研究，发现实证的结果同库兹涅茨法则略有不同。农业就业人口和产值下降到一定程度后下降幅度会趋缓，工业的就业人口和产值比重都出现下降，服务业的产值和就业人口都迅速上升，在众多发达国家服务业产值占 GDP 的比重已经达到了一半以上。

研究自给自足的农业经济和城市现代工业经济的代表性理论是二元经济结构理论。在二元结构理论中，影响最大的是美国经济学家阿瑟·刘易斯（W. A. Lewis）在题目为《劳动无限供给条件下的经济发展》的文章中提出的二元结构理论。“二元经济结构”理论将一国的经济分为两个部门，一个部门是传统的自给自足的农业生产部门，该部门生产效率较低，并且由于耕地资源的不可再生和技术突破的难度大，产量增长到一定程度后会出现劳动边际生产率为零甚至为负的情况。另一个部门是城市中的现代工业部门，该部门生产效率较高，吸引了大量的农村剩余劳动力，由于工业部门的生产资料具有可再生性，规模不断扩大，获得超额利润①。两个部门不同的性质使得城乡经济发展和收入差距不断扩大。由于工业部门的边际生产率高于农业部门，可以不断吸收农业部门的剩余劳动力，直至两个部门的边际生产率实现均等化，这是解决二

① 苏雪串：《中国的城市化与二元经济转化》，首都经济贸易大学出版社 2005 年版，第 19—21 页。

元经济问题的途径。二元经济理论对发展中国家的经济政策产生了重大影响。当前中国存在的一系列重大现实问题，如城乡居民收入水平、消费水平差距拉大，农村和城市长期分离，农业严重落后于工业和其他产业，农村劳动力转移和城市化严重滞后，农民不能完全享受与市民同等的待遇等问题，大都与二元结构有关。

在产业结构的升级和优化过程中，主导产业发挥着至关重要的作用。主导产业的概念最早是由美国经济学家罗斯托提出的，主要是指在一定的经济发展阶段能够有效地进行技术创新和制度创新，具有较高的增长率，能够对其他产业产生较强的关联带动作用的产业[①]。根据日本等发达国家的产业结构演进规律，一个国家或地区的经济增长往往是由主导产业的高速发展带动起来的。在不同发展阶段正确选择主导产业，可以通过发挥主导产业的前向联系效应、后向联系效应及旁侧效应而带动其他产业的共同发展，实现经济起飞。在农业结构调整中，确定和强化主导产业的地位，可以优化区域资源配置，将有限的资金、技术、人才和物力，投向具有比较优势的产业，可以解决农业剩余劳动力出路问题、发挥区域资源优势、提高农产品的附加值。

厉为民将农业结构作为国民经济结构的一部分，农业结构系统包括农场结构和农业产业结构，产业结构既包括种植业、林业、畜牧业、渔业的比重，还包括种养业内部各种产品的比重[②]。农业比重随着经济发展在国民经济中的比重逐渐下降，农业现代化的实现要求建立现代化的农业结构。一个经济体农业资源的禀赋结构决定了该经济体农业的生产和贸易结构，因为农业自然资源本身是不可流动的，因此某种要素禀赋稀缺的国家可以通过贸易弥补稀缺资源不足的影响，如耕地资源匮乏的国家可以进口土地密集型农产品。一些学者拓展了农业结构研究的内涵，不仅研究农业本身，还研究农业相关产业对农业结构的影响。钟甫宁指

① 江世银：《区域产业结构调整与主导产业结构研究》，上海人民出版社 2004 年版，第 110—112 页。

② 厉为民：《农业结构研究》，中国农业出版社 2008 年版，第 62—69 页。

出农业关联部门包括产前、产中和产后部门，产前部门是农业投入部门，包括种子、肥料、农药、种畜、饲料等；产中部门则指农业生产部门本身，包括农、林、牧、渔及观光农业；产后部门则是对农产品进行后期加工或储运的部门，包括储藏、加工、运输、销售等①。农业关联产业的发展有利于农业标准化的推进，并加强农业生产和市场的联系，在中国的具体表现形式是农业产业化经营。

第四节 比较优势与农业结构优化的关系

通过梳理农产品比较优势和农业结构优化的相关文献，并对二者的内涵和概念进行界定，发现农产品比较优势和农业结构是相辅相成的。研究农产品比较优势就是要发现一个地区农业生产潜在的优势领域和优势部门，农业结构优化要通过农业结构的调整来实现，结构调整必须依据自身的比较优势来进行。

一 农产品比较优势是农业结构优化的基础和依据

农业是一种自然再生产和经济再生产不断交织的活动，农业对自然资源的依赖程度相对其他产业更高。自然资源从某种程度上来说也是一个国家或地区农产品比较优势的一部分，许多国家和地区农业结构的形成就是由本国或本地的自然资源状况所决定的，一国（地区）自然资源禀赋决定了本国（地区）同其他国家（地区）农业结构的差异和农产品比较优势的不同。林毅夫指出，一国的产业结构内生决定于本国的禀赋结构，决定于当时的劳动力、资本、自然资源等要素的相对丰裕程度，产业结构和禀赋结构相符时，经济才具有竞争力②。另外，农业生产所必需的森林、草原、耕地、淡水等资源在当今社会是极其稀缺的资源，所以任何一个国家（地区）都不能生产自身所需要的全部产品，而必须

① 钟甫宁：《农业经济学》，中国农业出版社2010年版，第137—140页。
② 林毅夫：《新结构经济学》，北京大学出版社2012年版，第67—93页。

把稀缺资源集中在优势产品的生产上，优势产品也应该是在整个产业中份额较大的产品，这就为农业结构的调整提供了一个方向，即加大优势产品的份额，减少劣势产品的份额。

二　农业结构优化可以进一步强化农产品比较优势

农业结构包含两个层次，既是指农业内部种植业、畜牧业、林业、渔业的产业结构，也是指不同产业内部的产品结构，产品结构调整本身也是农业结构调整的一部分。农业结构调整就是增大具有比较优势的产品的份额，使资源向优势部门集中，这样会使原本具有优势的部门获得更充分的发展条件，并在此基础上不断创造出更高级的生产要素和技术，提高比较优势的程度。比较优势形成的要素可以概括为“四个基础”，即自然禀赋、获得性禀赋即后天开发的物质资本和人力资本、高水平的知识、专业化。农业结构优化就是将自然禀赋向农业比较优势部门集中，在生产中更容易创造出更优越的物质条件和更高级的技术，由于专业化的发展也使得优势部门劳动力的素质得到提升。

第五节　本章小结

比较优势理论最初用于分析国际贸易产生的原因和贸易利得的分配，后经许多学者进行改进，利用综合比较优势指数法分析区域经济发展的优势。但具备比较优势并不意味着就能有竞争优势，农业比较优势不仅依赖于资源、禀赋等天然供给状况，还需要有产业升级和创新，树立动态比较优势的观念，促进整个产业的升级和优化，才能将比较优势转化为竞争优势。农业结构优化需要考虑的不仅有产业结构的变动规律、二元结构等问题，还要考虑到各产业之间的关联性和相互带动。比较优势是农业结构优化的基础，结构优化可以进一步强化比较优势。

第三章　吉林省农业发展的概况

吉林省是中国的商品粮大省，农业在全省经济发展中占有重要地位。吉林省农业资源禀赋优越，四季分明，土壤肥沃，是全国重要的粮食主产区，最大的粮食调出省份和玉米出口量最大的省份，盛产玉米、大豆、水稻等优质粮食作物以及杂粮、杂豆、糖料等作物，并生产久负盛名的人参、鹿茸等土特产品。吉林省农产品加工业也得到了长足的发展，成为继汽车、石化工业之后的又一支柱产业。

2017 年吉林省第一产业从业人员人数 491.4 万人，占所有从业人数的 33%，第一产业产值 1095.36 亿元，占地区生产总值的 7.33%。2017 年，吉林省农林牧渔业总产值 2064.29 亿元，比 2016 年减少 4.78%。畜牧业产值 982.3659 亿元，占农林牧渔业总产值的比重达到了 47.59%。2017 年农产品出口额 117897.7 万美元，进口总额 52199.7 万美元，在进出口总额中的比重为 9.18%；农产品出口额在全省出口总额中的比重达 26.63%。粮食的商品率、人均占有量、粮食调出量多年来在全国一直名列前茅，牧业得到了长足发展。2017 年吉林省粮食播种面积 554.39 万公顷，粮食产量 4154 万吨，猪、牛、羊、禽肉类总产量 256.1 万吨，年末生猪存栏 911.1 万头，生牛奶产量 34.41 万吨。

第一节　农业发展的基础条件分析

一　耕地资源

吉林省土地总面积为 1874 万公顷，根据 2008 年全国土地变更状况

的调查，吉林省耕地553.78万公顷，占辖区总面积的28.98%，人均耕地0.21公顷，是全国平均水平的2.18倍，与世界平均水平大致相当。其中林地924.48万公顷，园地11.53万公顷，牧草地104.35万公顷，其他农用地45.59万公顷，居民地及工矿用地84.21万公顷，交通运输用地6.75万公顷，水利设施15.57万公顷，未利用地165.39万公顷（其中河流和湖泊水面26.54万公顷）。与全国相比，土地总面积约占全国的2%，耕地占全国的4.55%左右。

吉林省86%的土地为农业用地，包括耕地、林地、草地、农田水利用地、养殖水面等，共约1639.32万公顷，比全国平均水平高17%；其中30%为耕地，耕地面积全国排名第9位。后备耕地资源潜力大，未利用土地106.4万公顷。吉林省的耕地资源状况东、中、西部区域差别明显，东部为长白山区，森林资源丰富，占东部总面积的81%，蕴藏多种矿产、水利水电和生态旅游资源及野生动植物资源，生产各种特产及多种绿色食品。中部地势平坦，耕地集中，耕地占中部总面积的61%，盛产玉米和大豆等优质农产品。历史上西部是草原、湿地生态区，草地、湿地占西部总面积的36.6%，是吉林省主要的牧区，但近几年随着国家多项重大增粮工程的实施，西部的松原和白城等地正在成为中国重要的粮食产区。2009—2013年，这一地区粮食总产由132.3亿斤增加到276.05亿斤，5年增产143.75亿斤，占同期吉林省粮食增产量的65.9%，占全国增产总量的10%。吉林省黑土资源得天独厚，面积约110万公顷，黑土耕地约83.2万公顷，占全省耕地面积的15%，黑土区粮食产量占全省粮食产量的50%以上。吉林省耕地资源丰富，为农业的发展提供了良好的基础条件。

二　水资源

吉林省总面积为18.74万平方千米，2013年水资源总量为607.41亿立方米，比2012增长了31.9%，其中地表水资源535.2亿立方米，地下水资源160.2亿立方米，人均水资源占有量为2207.96立方米，2017年，吉林省水资源总量为394.4亿立方米，人均水资源占有量

1451.3立方米。按国际标准看，吉林省属于中度缺水地区。吉林省水资源分布不均匀，水资源占有量从东南向西北递减，东部长白山区位于图们江、鸭绿江、第二松花江和绥芬河流域，为足水区，包括延边、白山地区，但东部山地居多，耕地面积少，工业发展水平不高，水资源利用程度较低；中部的长春、四平、辽源等地位于嫩江、松花江干流流域，属于较足水区，也是全省经济发展的核心，用水量大，水资源利用程度高，水资源渐渐不能满足经济发展的需求；西部地区位于西部东辽河、西辽河和辽河干流流域，包括松原、白城等地，水资源稀缺，耕地资源多为盐碱地，需水量大，水资源利用率高。吉林省降水分布也不平均。每年的夏季，即6—9月，是降水集中期，占全年降水的80%以上。

三　农业机械化水平

从表3-1可以看出，吉林省农业机械水平逐年提高。从全国来看，2016年吉林省农业机械水平略低于全国平均水平，排名13位。2010年吉林省农业机械总动力2144.7万千瓦，2017年3288.7万千瓦，增长了53.34%。

表3-1　**吉林省历年农业机械总动力**　单位：万千瓦

年份	2010	2011	2012	2013	2014	2015	2016	2017
机械总动力	2144.7	2355	2554.7	2726.6	2919.1	3152.5	3102.1	3288.7

资料来源：《吉林统计年鉴》（2011—2018年）。

2016年吉林省农业机械在全国31个省份中排名第13位，农业机械化水平偏低。同全国机械化动力较高的山东省相比差距较大。2016年山东省拥有农业机械总动力9797.61万千瓦。吉林省耕地面积553.46万公顷，山东省751.53万公顷，耕地面积吉林省为山东省的73.6%，农业机械总动力为山东省的31.66%。吉林省单位面积耕地机械动力为每公顷4.6千瓦，山东省为每公顷16.5千瓦。与之形成鲜明对照的是，山东

省人均耕地面积仅为 1.21 亩，而吉林省人均耕地面积 3.15 亩，因此从这点看，吉林省更具备发展农业机械化和规模耕种的潜力。

第二节　农业生产情况分析

一　主要农产品产量分析

从表 3-2 可以看出，种植业中吉林省以粮食作物为主，粮食产量逐年提高，2016 年相对于 2001 年增长了 90.29%，粮食作物以谷类为主，所占比重达到了 95% 以上。吉林省粮食的高产量及稳定增长能力为国家粮食安全做出了重要贡献。2016 年吉林省粮食产量 3717.21 万吨，占全国粮食产量比重 6.03%，排名第 4 位，2018 年吉林省粮食产量 3632.7 万吨，在全国 31 个省份中排名第 7 位。2016 年吉林省油料作物产品 82.54 万吨，占全国比重 2.27%，排名 13 位。2018 年油料作物产量 87.53 万吨，在全国排名第 12 位。

表 3-2　　吉林省历年主要农产品产量　　单位：万吨

年份	粮食	谷物	豆类	薯类	油料	烟叶	园参	蔬菜	水果
2001	1953.40	1775.57	134.18	43.65	34.34	4.88	2.02	777.84	200.79
2005	2581.21	2371.48	152.83	75.89	54.45	5.97	3.21	832.56	66.20
2010	2842.50	2654.11	112.90	75.49	70.44	7.23	2.82	1078.75	65.08
2011	3171.00	3015.24	101.26	54.50	69.56	7.23	3.69	971.38	60.63
2012	3343.00	3221.73	52.57	68.69	80.72	8.13	3.21	957.54	59.75
2013	3551.00	3443.80	58.78	48.44	84.02	6.06	3.22	939.21	61.25
2014	3532.80	3420.85	55.45	56.54	79.69	5.40	2.89	875.95	58.89
2015	3647.04	3538.93	48.64	59.47	76.42	4.45	2.70	859.95	53.40
2016	3717.21	3601.60	62.50	265.55	82.54	3.97	2.71	852.44	50.97
2017	4154.00	4043.97	67.08	42.95	128.48	1.79	3.01	356.64	17.19
2018	3632.74	3533.81	62.75	36.18	87.53	2.72	3.61	438.15	24.32

资料来源：《吉林统计年鉴》。

二　人均农产品占有量分析

吉林省是农业大省，人均农产品占有量较大，在全国排名比较靠前。从表3-3可以看出，2010—2016年吉林省粮食、肉类、蛋类产品人均占有量均高于全国平均水平。尤其是粮食，吉林省人均粮食占有量是全国平均水平的近3倍，肉类、蛋类产品人均占有量也明显高于全国水平，油料产品人均占有量略高于全国水平。糖类产品人均占有量远低于全国水平，7年平均水平仅为全国水平的3.3%。奶类人均占有量呈现出缓慢增长的趋势，但仍低于全国水平。7年平均的水产品人均占有量，吉林省仅为全国的14.82%，与其他水产品大省辽宁、福建、海南相比差距更大。

表3-3　吉林省及全国历年人均农产品占有量　单位：千克

年份	粮食	油料	糖料	肉类	蛋类	奶类	水产品
吉林省							
2010	1036.3	25.7	2.8	87.1	34.9	16.3	6.1
2011	1154.0	25.3	5.9	88.8	34.7	23	6.3
2012	1215.7	29.4	7.6	94.5	36.5	18.1	6.6
2013	1290.9	30.54	2.25	95.48	35.52	17.57	6.76
2014	1283.8	31.1	2.3	95.2	35.8	18.1	6.9
2015	1324.8	27.8	0.5	94.9	39	19.2	7.1
2016	1355.1	30.1	0.5	94.9	41.7	19.5	38.6
平均	1237.23	28.56	3.12	92.98	36.87	18.82	11.19
全国							
2010	408.7	4.46	89.8	59.3	20.7	28	40.2
2011	452.2	24.6	93.2	59.2	20.9	38.1	41.7
2012	436.5	25.4	99.8	62.1	21.2	28.7	43.7
2013	443.46	25.91	101.27	62.88	21.19	26.89	45.74

续表

年份	粮食	油料	糖料	肉类	蛋类	奶类	水产品
2014	444.9	25.7	97.9	63.8	21.2	28.2	47.4
2015	453.2	25.8	91.2	62.9	21.9	28.2	49.1
2016	447	26.3	89.5	61.9	22.4	26.9	260.6
平均	440.85	22.60	94.67	61.73	21.36	29.28	75.49

资料来源：《中国农业年鉴》（2011—2017 年）。

2015 年人均粮食占有量 1324.8 千克，居全国第二位，是全国人均粮食占有量的 2.92 倍。2013 年，吉林省人均粮食占有量 1290.9 千克，全国平均为 443.46 千克，为全国人均占有量的 2.85 倍，在全国居第二位；人均油料占有量 30.54 千克，高出全国平均水平 4.63 千克；人均肉类占有量 95.48 千克，高出全国平均占有量 32.6 千克；人均蛋类占有量 35.52 千克，高出全国 14.33 千克；吉林省棉花、糖料、奶类和水产品人均占有量低于全国平均水平。

三　特色农产品生产分析

吉林省东、中、西部自然环境和资源条件丰富多样，适合各种特色农产品种植。截至 2017 年年底，吉林省各类绿色、有机、无公害的农产品数量多达 2300 多个，拥有国际认证的有机食品 206 个、国家批准的绿色食品 665 个、吉林名牌农产品 880 个、农产品地理标志 15 个。通化蓝莓中国特色农产品优势区、集安市人参中国特色农产品优势区、前郭县查干湖淡水有机鱼等被认定为中国特色农产品优势区。吉林省较为典型的为长白山区域，其森林覆盖率高，生态系统完整，物产丰富，已经成为各种特色农产品的独特产地。特色农产品包括野生人参、鹿茸、林蛙、松茸以及食用菌、中药材等。从表 3－4 可以看出，吉林省人参、甘草、枸杞、食用菌等特产的播种面积和产量都比较高。尤其是位于吉林省抚松县的万良人参市场，是亚洲最大的人参集散地，产品销往全国，并出口到新加坡、澳大利亚、韩国等国家。2019 年，吉林省人参出口大幅增长，一方面原因是人参产业链向高端延伸，另一方面也是校企合作推动人参产品开发的成果。

表 3－4　　吉林省主要特色产品播种面积和产量

指标	播种面积（公顷）			产量（吨）		
	2016 年	2017 年	2018 年	2016 年	2017 年	2018 年
人参	7335	7904	9801	31434	30088	36103
甘草	2	18	26	4	8	32
枸杞	74	96	111	64	84	139
食用菌	—	—	—	28598	28997	68807

资料来源：《吉林统计年鉴》。

第三节　农业存在的问题分析

吉林省虽然是农业大省，农业在地区经济发展中占有重要地位，但也要看到吉林省农业仍然存在着对经济增长贡献率低、农民组织化发展滞后等问题。

一　农业对经济增长的贡献率低

经济学中常用贡献、贡献率及拉动率来分析产业部门对经济总体增长作用的大小。在这部分用贡献率和拉动率来分析吉林省农业对经济增长的作用和贡献。产业部门贡献率是指国内生产总值的增量中各产业部门所占的份额，是产业部门增加值增量与国内生产总值增量之比，拉动率是指该产业部门贡献率与国内生产总值增长速度的乘积。

表 3－5 反映了吉林省第一产业对地区生产总值的贡献率、拉动率以及第一产业从业人员占所有从业人员人数的比重。可以看出，1992—2016 年，吉林省平均第一产业从业人员比重占从业人员总数的一半左右，第一产业从业人员比重不断下降，从 1992 年的 47.79% 下降到 2016 年的 33.83%。这一方面是因为城市化进程的发展，农业人口基数下降，

另一方面也是因为农业机械化水平的提高，提高了农业劳动生产率，促使一部分农业劳动力向第二产业和第三产业转移。但农业对地区生产总值的贡献率和拉动率却很低。1992—2016 年第一产业对地区生产总值的贡献率平均为 8.16%，拉动率平均为 0.78%，从业人员比重平均为 42.11%。这也反映了吉林省农业劳动生产率低下，与第二产业形成了鲜明的对比。1992—2013 年，吉林省第二产业从业人员比重在 20% 左右，22 年的平均数为 21.89%，平均贡献率和拉动率分别为 50.8% 和 6.0%。第二产业从业人员人数是第一产业的 47%，贡献率是第一产业的 4.5 倍，拉动率是第一产业的 4.8 倍。从世界范围看，吉林省第一产业的劳动生产率更是低下，早在 2004 年前后，发达国家农业劳动力的比重在 1% 左右甚至更低，许多发展中国家的这一比重也在 30% 以下。

表 3-5　1992—2017 年吉林省第一产业贡献率、拉动率、从业人员比重

单位：%

年份	贡献率	拉动率	从业人员比重
1992	3.4	0.4	47.79
1995	12.8	1.2	45.02
1998	32.7	3.0	48.20
2001	10.1	0.9	50.18
2004	12	1.5	46.10
2007	1.2	0.2	44.59
2010	3.1	0.4	43.26
2011	4.5	0.6	42.90
2012	5.6	0.7	41.08
2013	4.9	0.4	38.96
2016	6.3	0.4	33.83
2017	5.6	0.3	33.01
2018	3.9	0.2	32.47
平均	8.16	0.78	42.11

资料来源：历年《吉林统计年鉴》。

二　农民组织化程度不高

吉林省农村经济合作组织虽然发展速度加快，但同全国其他比较发达的省份相比，仍然比较滞后。目前，吉林省建立的农村合作组织有5000多家，平均每2.2个村有一个农民合作组织。而且从合作组织的性质看，吉林省农民经济合作组织主要是围绕种植业和养殖业建立的，占所有经济组织的的比重约为80%，从事农产品加工、储运、资金互助的合作组织比例较低。总体看，吉林省农村合作组织规模小，实力弱，合作社的作用没有充分发挥，同农民的联系也不够紧密。

第四节　本章小结

吉林省农业自然资源丰富，土地肥沃，环境无污染，虽然水资源相对匮乏，但发展农业的先天条件是比较优越的。但是吉林省农业机械化水平较低，农业生产对经济的贡献不够，农民合作组织发展滞后等因素制约了农业比较优势的发挥和农业现代化的实现。吉林省农业发展应依托本省良好的自然环境和条件，形成各地区农业比较优势，并根据比较优势的不同优化调整农业结构和方向。

第四章　吉林省主要农产品比较优势测算

市场经济条件下，一种产品具有优势，尤其是绝对优势是该产品在市场上具备竞争力的基础。如果该产品不具备绝对优势而具备比较优势，仍然可以通过专业化和分工机制在市场中占有一席之地。如果一种产品不具备绝对优势和比较优势而却有市场竞争力，很有可能是有外力或人为因素对这种产品提供了某种保护，从而造成了对市场的扭曲，从长远看这种对市场的扭曲是不符合经济发展规律的。使本身具有绝对优势或比较优势的产品发挥出应有的市场竞争力，是提高资源配置效率的必然选择。

就农业而言，一国或地区农业的生产结构、贸易结构是否按照比较优势的原则进行规划和布局，以及其对比较优势的偏离程度，能够反映该国或地区农业的资源配置水平，比较优势在不同农产品中的分布也预示了未来农业的发展趋势和结构调整方向。

第一节　分析框架和数据来源

农产品比较优势包括农业资源禀赋优势、农产品生产和加工以及农产品贸易方面的优势。农业资源禀赋和农产品加工比较优势的研究多是定性研究，定量研究多集中于农产品生产和贸易方面。本章利用综合比较优势指数的分析框架定量分析吉林省农产品生产方面的比较优势，以全国平均的各种农产品的种植面积或养殖规模、作物单产或畜产品产量以及农产品的净利润作为比较的对象，分析吉林省各种农产品的规模优势、效率优势、效益优势以及综合优势；并将吉林省农产品比较优势的状况同地理位置临近的黑龙江省、辽宁省、内蒙古自治区的优势状况进行对比分析，在资源禀赋相似的背景下，研究吉林省农产品比较优势的状况。

规模优势指数利用各地区农产品种植面积或养殖规模同全国平均面积或规模的比率来测算，各地区自然资源禀赋、农业生产政策、市场需求水平等因素都会影响当地农产品的生产规模，因此，规模优势指数是这些影响因素的综合体现；效率优势指数利用吉林省农产品单产或畜产品产量同全国的比率测算，效益比较优势利用各地区农产品的每亩净利润同全国平均的该数值的比率进行测算，各地区农业生产的技术水平、物质投入等都会对农业生产的效率和效益产生影响。比较优势并不是一成不变的，随着生产要素和技术条件的变化而变动，为了分析吉林省农产品比较优势的动态变化，本章还分析了2004—2017年各种农产品规模优势、效率优势、效益优势以及综合比较优势的波动情况。

吉林省、黑龙江省、辽宁省、内蒙古自治区作物种植面积、畜禽养殖数量、作物单产、畜产品产量数据来源于《中国农业年鉴》，农产品每亩净利润的数据来源于《全国农产品成本收益资料汇编》，各种畜产品养殖规模数据来源于《中国畜牧业年鉴》。

第二节　主要种植业产品比较优势测算

在这一部分，首先对吉林省种植业产品进行比较优势的测算，分别分析不同产品的规模优势指数、效率优势指数和效益优势指数。2017年吉林省种植业中播种面积最大的是粮食作物，占全国的比重为4.28%，在全国31个省份中排名第十，排名第一的黑龙江省该比重为10.33%；其次是油料作物，占全国比重为1.97%，排名第十八位，第一位的河南省油料作物种植面积占全国的比重为11.34%；糖料作物所占比重为0.11%，排名第二十二位，棉花比重为0.07%，排名第十六位。吉林省

主要粮食作物有水稻、玉米、大豆三种作物播种面积占所有粮食作物播种面积的比重达到了90%以上。

表4-1 2004—2017年吉林省种植业产品比较优势指数

年份	水稻	玉米	大豆	油料	糖料	烤烟	蔬菜	水果
规模优势指数（SAI）								
2004	0.66	3.57	1.72	0.48	0.03	0.29	0.42	0.24
2005	0.71	3.31	1.65	0.63	0.06	0.32	0.37	0.21
2006	0.69	3.18	1.47	0.64	0.07	0.33	0.36	0.2
2007	0.71	2.95	1.55	0.65	0.05	0.16	0.38	0.18
2008	0.7	3.06	1.57	0.52	0.11	0.3	0.37	0.18
2009	0.7	2.96	1.49	0.56	0.04	0.32	0.39	0.16
2010	0.69	2.88	1.36	0.67	0.05	0.34	0.4	0.16
2011	0.71	2.9	1.2	0.55	0.08	0.25	0.37	0.15
2012	0.72	2.88	0.99	0.59	0.1	0.25	0.36	0.14
2013	0.73	2.93	0.96	0.6	0.03	0.24	0.31	0.13
2014	0.73	2.93	1.00	0.56	0.03	0.23	0.29	0.12
2015	0.74	2.92	0.73	0.56	0.01	0.20	0.27	0.11
2016	0.76	2.92	0.82	0.66	0.01	0.25	0.26	0.11
2017	0.73	2.68	0.73	0.84	0.01	0.08	0.11	0.05
平均	0.71	3.01	1.23	0.61	0.05	0.25	0.33	0.15
效率优势指数（EAI）								
2004	0.92	0.97	1.26	0.76	0.89	1.11	0.95	1.07
2005	0.89	0.95	1.17	0.81	0.70	1.01	1.25	1.11
2006	0.89	0.98	1.18	0.83	0.70	1.09	1.18	1.09
2007	0.97	1.02	1.01	1.01	0.43	0.87	1.13	1.08
2008	1.03	0.98	0.89	1.10	0.84	1.10	1.24	0.99
2009	1.02	1.02	1.01	1.01	0.73	1.21	1.24	1.01
2010	1.01	0.95	1.02	0.93	0.55	1.03	1.28	0.99

续表

年份	水稻	玉米	大豆	油料	糖料	烤烟	蔬菜	水果
2011	1	0.96	1.04	0.92	0.69	1.29	1.19	0.92
2012	0.82	0.98	0.71	1.37	0.63	1.27	1.16	0.89
2013	0.84	0.96	0.87	1.10	0.54	1.22	1.24	0.91
2014	0.88	0.97	0.75	1.29	0.49	1.31	1.17	0.88
2015	0.92	0.96	0.76	0.89	0.33	1.23	1.20	0.82
2016	0.89	0.94	0.81	1.01	0.66	1.19	1.19	0.78
2017	0.90	0.96	0.92	1.20	0.52	1.25	1.24	0.61
平均	0.93	0.97	0.96	1.02	0.62	1.16	1.19	0.94
效益优势指数（BAI）								
2004	1.55	0.47	1.1	0.48	0.01	2.57	0.41	0.53
2005	2.12	0.91	0.92	0.84	0.03	0.99	0.41	0.53
2006	1.88	0.53	1.08	0.73	0.04	0.23	0.16	1.13
2007	0.71	0.29	1.41	0.74	0.05	12.54	0.38	0.37
2008	0.95	0.77	1.27	0.73	0.07	2.32	0.46	0.48
2009	1.16	0.23	1.15	0.82	0.02	1.38	0.41	0.42
2010	1.71	0.78	1.36	0.99	0.03	18.54	0.5	0.4
2011	1.33	0.87	1.3	0.8	0.06	6.38	0.73	0.12
2012	0.9	0.81	1.37	1.05	0.08	3.84	0.52	0.31
2013	0.14	0.86	0.45	0.93	0.04	—	0.52	0.29
2014	0.97	—	—	1.08	0.13	2.64	0.67	0.36
2015	1.09	—	—	0.86	0.03	3.68	0.57	0.35
2016	2.04	—	—	1.05	0.04	4.36	0.56	0.36
2017	1.10	—	—	1.86	0.08	4.55	0.29	0.13
平均	1.26	0.65	1.14	0.93	0.05	4.92	0.47	0.41
综合优势指数（MAAI）								
2004	0.98	1.18	1.34	0.48	0.16	0.94	0.55	0.52

续表

年份	水稻	玉米	大豆	油料	糖料	烤烟	蔬菜	水果
2005	1.10	1.42	1.21	0.73	0.20	0.68	0.42	0.64
2006	1.05	1.18	1.23	0.68	0.22	0.44	0.54	0.43
2007	0.79	0.96	1.30	0.69	0.15	1.20	0.58	0.45
2008	0.88	1.32	1.21	0.62	0.30	0.92	0.57	0.42
2009	0.94	0.89	1.20	0.68	0.17	0.81	0.62	0.40
2010	1.06	1.29	1.24	0.81	0.17	1.87	0.72	0.27
2011	0.98	1.34	1.18	0.66	0.23	1.27	0.61	0.35
2012	0.81	1.32	0.99	0.79	0.25	—	0.60	0.33
2013	0.44	1.34	0.72	0.75	0.13	1.19	0.64	0.36
2014	0.85	1.69	0.87	0.92	0.12	0.92	0.61	0.34
2015	0.90	1.67	0.74	0.76	0.05	0.96	0.57	0.32
2016	1.11	1.66	0.81	0.89	0.05	1.08	0.56	0.31
2017	0.90	1.60	0.82	1.23	0.08	0.75	0.34	0.15
平均	0.91	1.35	1.06	0.76	0.16	1.00	0.57	0.38

资料来源：种植面积和单产数据来自《中国农业年鉴》(2005—2018 年)，每亩净利润数据来自《全国农产品成本收益资料汇编》(2005—2018 年)。

一　主要种植业产品规模比较优势测算

2004—2017 年，吉林省玉米种植面积占所有粮食作物种植面积平均比重达到了 67.7%，是第一大粮食作物，其次是水稻和大豆，其他粮食作物高粱、谷子等种植面积较小，均在 5% 以下。有的统计将大豆作为油料作物，本书采取中国农业年鉴的分类方法，将大豆作为粮食作物。从粮食作物内部结构看，吉林省玉米、大豆、水稻种植面积又经历了不同的变化。吉林省玉米从 1991 年成为第一大粮食作物，种植面积较大，且呈现出上升的趋势。1993 年吉林省玉米种植面积略有下降，1999 年、2000 年和 2005 年种植面积下降幅度较大，其余年份玉米种植面积均出现增长。吉林省的水稻种植面积虽然不大，但整体趋势也是提高的。只有大豆的种植面积不仅有限，而且经历了较大幅度的下降。

（一）水稻规模优势分析

过去的20多年中，全国水稻播种面积有所减少，从1991年的32590千公顷减少到2017年的30747.2千公顷，减少了5.65%。与之相随的是中国水稻生产的空间布局出现了从南向北转移的趋势。传统的水稻主产区长江中下游地区以及中国南方地区的水稻种植面积在全国水稻种植面积中的比例下降，而东北地区的水稻种植面积所占比重大幅提高。地处东北的吉林省，水稻种植面积也有很大增长。1991年吉林省水稻种植面积433.4千公顷，2017年这一数字为820.8千公顷，增长了89.39%，增长幅度超过了玉米。

表4－2反映了吉林省水稻种植面积、产量及二者比重的变化。从纵向来看，1991—2017年，吉林省水稻种植面积虽然个别年份有波动，但总体呈上升趋势。1991年吉林省水稻种植面积133.4千公顷，经历了几年的波动中增长后，2003年吉林省水稻种植面积大幅度下降到540.95千公顷，比2002年减少18.79%。2004年之后水稻种植面积持续增长，直至2017年的820.8千公顷。这是因为1993年中国将市场化体制引入到粮食流通体制改革中，农民可以根据各种作物经济效益的不同更加自由地调整自身的种植结构。而就吉林省来看，水稻种植经济效益高于大豆和玉米，是农民为了追求经济效益自发选择的结果。

表4－2　　　　**吉林省水稻种植面积和产量**

年份	水稻种植面积（千公顷）	占粮食种植面积比重（%）	水稻总产量（万吨）	占粮食总产量比重（%）
1991	433.40	12.24	306.30	16.13
1995	429.60	12.01	296.90	14.90
1999	465.20	13.24	405.90	17.60
2001	686.87	16.35	371.20	19.00
2003	540.95	13.48	318.20	14.08
2005	654.00	15.23	473.29	18.34

续表

年份	水稻种植面积（千公顷）	占粮食种植面积比重（%）	水稻总产量（万吨）	占粮食总产量比重（%）
2007	669.90	15.45	500.00	20.38
2009	660.40	14.92	505.00	20.53
2011	691.25	15.21	623.50	19.66
2013	726.66	15.17	563.27	15.86
2017	820.80	13.49	684.43	16.48

资料来源：《吉林统计年鉴》（1992—2014 年）。

从吉林省水稻总产量看，总产量的增减波动同种植面积的增减表现出了一致性的特征。1991 年吉林省稻谷总产量 306.3 万吨，2017 年为 684.43 万吨，增加了 1.23 倍，产量增加比例超过了种植面积的增加比例。

从水稻的规模优势指数看，吉林省水稻种植不具备规模优势，2004—2017 年规模优势指数平均为 0.71。但从纵向看，吉林省稻谷种植的规模优势指数是不断提高的。1991 年吉林省稻谷种植的规模优势指数为 0.49，1995 年提高到 0.52，1999 年进一步提高到 0.57，2003 年为 0.66，之后几年波动中呈上升趋势，2017 年规模优势指数为 0.73。原因一方面是全国水稻播种面积绝对数量下降，而吉林省水稻播种面积却上升了；另一方面是东北地区种植的粳稻口感优良、营养丰富而提高了其市场竞争力，因此种植面积增加了。

（二）玉米规模优势分析

吉林省玉米种植面积从 20 世纪 70 年代之后急剧增加，这和同时期全国粮食作物种植面积的变动趋势相同，玉米种植面积的变化既有自然因素的影响，也有收益率等经济因素的影响。表 4 –3 反映了从 1991 年至 2017 年吉林省玉米种植面积及其占全省粮食作物总种植面积比重的变化。从表中可以看出，2017 年吉林省玉米种植面积相较于 1991 年增加了 82.63%，从 2280 千公顷增加到了 4164 千公顷，玉米种植面积在全省粮食作物总面积中的比重也不断提高，1991 年玉米播种面积占粮食作物播种总面积的 63.07%，2013 年这一比重达到了 73.05%，2017 年为 68.42%。纵向来看，1991 年吉林省玉米种植面积为 2280 千公顷，1993 年以来玉米种植面积逐年增加，到 1999 年增至 2375 千公顷，2000 年玉米种植面积大幅下降至 2197.3 千公顷，此后玉米种植面积稳定中逐步增加，除了 2002 年略有下降外，其余年份均保持了增长的势头，直至 2017 年达到了 4164 千公顷。玉米种植面积的增加是以大豆种植面积的减少为代价的。吉林省是中国玉米的主产省之一，2017 年玉米种植面积仅次于黑龙江省，在全国位列第二。

表 4－3　　**吉林省玉米种植面积和产量**

年份	玉米播种面积（千公顷）	占粮食种植面积比重（%）	玉米总产量（万吨）	占粮食总产量比重（%）
1991	2280	63.07	1473	77.60
1995	2344	65.53	1478	74.21
1999	2375	67.61	1692	73.41
2001	2609	62.11	1328	68.00
2003	2627	65.45	1615	71.49
2005	2775	64.62	1801	69.78
2007	2854	65.83	1800	73.36
2009	2957	66.79	1810	73.58
2011	3134	68.96	2339	73.76
2013	3499	73.05	2775	78.17
2017	4164	68.42	3250.78	78.26

资料来源：《吉林统计年鉴》（1992—2017 年）。

从表 4－1 中可以看出，在三种主要粮食作物水稻、玉米、大豆中，玉米的规模优势指数比较明显，平均规模优势指数达到了 3.01，但从纵向看，玉米的规模优势指数呈现出下降的趋势，2004 年玉米规模优势指

数为3.57，2017年为2.68。这是因为，研究期间内吉林省农作物播种面积增加了10.38%，而全国农作物播种总面积增加了7.2%，因此，吉林省玉米种植面积占农作物总播种面积的相对比重（相对于全国的平均比重）降低了。

吉林省玉米总产量在粮食作物总产量中的比重高于其种植面积比重，2017年吉林省玉米单产7807千克/公顷，水稻单产与玉米单产比较接近，为8338千克/公顷，大豆单产最低，为2278千克/公顷，玉米单产是大豆单产的3.67倍。长期来看，从2004年到2017年的十四年间，吉林省玉米总产量平均值为2136.57万吨。

（三）大豆规模优势分析

中国曾是位居世界第一位的大豆生产国，但中国大豆种植面积经历了频繁的波动，先下滑后又有所增长。全国大豆播种面积从1991年的7041千公顷减少到2013年的6790.5千公顷，2014年开始逐渐增加，2017年为8244.8千公顷。在此背景下，大豆种植面积的波动十分频繁，2000年大豆种植面积大幅增加至539千公顷，随后又在波动中不断下滑，2013年大豆种植面积减少到214.53千公顷。1991年，吉林省大豆种植面积为431千公顷，2013年这一数字下降到215千公顷，2017年为220.2千公顷，比1991年下降了48.93%。

从大豆总产量来看，1991年吉林省大豆总产量为71.7万吨，2013年减少到45.4万吨，减少了35.84%，2017年为50.2万吨，比1991年减少29.99%。可以看出，吉林省大豆总产量的变化幅度小于种植面积的变化比例，这是由于技术水平的提高和耕作条件的改善，大豆的单产提高了。1991年吉林省大豆单产为1662.8千克/公顷，2013年单产为2116千克/公顷，单产相对于1991年增长27.26%；2017年单产为2278千克/公顷。

吉林省大豆的种植面积虽然相比从前有了很大下降，但由于属于中国北方春大豆种植区（北方春大豆种植区包括东北三省和内蒙古东部四盟），长期以来在全国大豆种植中占有重要地位，2004年至2017年平均下来的规模仍然是具有优势的。如表4-1所示，十四年间吉林省大豆的规模优势指数平均为 1.23。但从绝对指数看，吉林省大豆规模优势指数呈下降趋势。1991 年吉林省大豆规模优势指数为 2.25，1995 年减少到 1.72，1999 年进一步降为 1.35，2012 年起吉林省大豆种植规模已显现出微弱的劣势，2013 年劣势进一步扩大，规模优势指数为 0.96，2017 年为 0.73。

表 4-4　　　　吉林省大豆种植面积和产量　　　　单位：千公顷、万吨

年份	大豆种植面积（千公顷）	占粮食种植面积比重（%）	大豆总产量（万吨）	占粮食总产量比重（%）
1991	431	12.17	71.7	3.78
1995	379	10.58	78.3	3.93
1999	278	7.92	63.6	2.76
2001	533	12.68	110.5	5.66
2003	430	10.71	150.3	6.65
2005	505	11.75	130.2	5.04
2007	445	10.26	78.28	3.19
2009	437	9.88	82	3.33
2011	305	6.71	78.79	2.48
2013	215	4.48	45.4	1.28
2017	220.2	3.97	50.2	5.3

资料来源：《吉林统计年鉴》（1992—2018 年）。

（四）油料作物规模优势分析

吉林省的经济作物有油料作物、糖料作物、烟叶、蔬菜和水果及药材等。根据吉林省经济作物的种植情况及资料的可获性，这部分主要分析吉林省油料作物、糖料作物、烤烟及蔬菜和水果的比较优势。

中国油料作物主要有花生、芝麻、油菜籽、胡麻籽、向日葵籽等。在有的分类里，把大豆也作为油料作物。中国分布面积最大的油料作物是油菜，2013 年全国油菜种植面积 7519.4 千公顷，主要分布在长江流

域，吉林省没有油菜种植。中国第二大油料作物是花生，2013 年种植面积为 4633 千公顷，2017 年为 4607.7 千公顷，种植面积最大的为河南省，为 1151.9 千公顷，其次是山东省，面积为 709.2 千公顷，吉林省的花生种植面积为 332.6 千公顷。此外，辽宁东部、广东雷州半岛、黄淮河地区以及东南沿海的海滨丘陵和沙土区也是花生的主要产区。向日葵种植面积近年来有不断扩大的趋势，2013 年为 923.4 千公顷，主产区分布在东北、西北和华北地区，如内蒙古、吉林、辽宁、黑龙江、山西等省份。2013 年内蒙古自治区向日葵种植面积 422.5 千公顷，位居第一位，其次是新疆，种植面积 145.8 千公顷，吉林省排名第三，种植面积 110.1 千公顷。2013 年全国芝麻种植面积为 418.5 千公顷，主要集中于江淮流域，其中河南省的种植面积为 175.8 千公顷，占全国面积的 42%，吉林省种植面积为 6 千公顷。

如表 4-1 所示，从规模优势指数看，吉林省油料作物是具有比较劣势的。2004—2017 年吉林省油料作物规模优势指数平均为 0.61，从变动趋势看，油料作物规模优势呈现出上升、下降、再上升的波动情况。2004 年吉林省油料作物规模优势指数为 0.48，2005—2007 年连续提高，2007 年为 0.65，2008 年这一指数下降，2017 年为 0.84。

从种植面积的绝对数量看，波动情况同规模优势指数大致相同，只是存在一些时间差异。2004 年吉林省油料作物种植规模为 222.1 千公顷，2005 年迅速增加到 288.5 千公顷，2006 年与 2005 年基本持平，2007 年、2008 年连续减少，2008 年种植面积为 212.3 千公顷，为研究期间最低水平。2009 年开始逐步回升，2017 年油料种植面积为 408.7 千公顷，比 2004 年提高了 84%。

表 4-5 反映了吉林省三种油料作物，花生、芝麻和向日葵的种植面积及其规模优势指数。从具体的油料作物品种看，吉林省主要种植有花生、芝麻和向日葵籽。2004—2017 年，花生是种植面积最大的油料作物，平均种植面积达到了 147.44 千公顷，占油料作物种植面积的平均比重接近 50%，2017 年高达 81%。且无论是种植面积的绝对数量还是占油料作物的种植比重，十四年间整体呈现出增长的态势。种植面积较大

的油料作物是向日葵籽，十四年间年均种植面积 94. 40 千公顷，占所有油料作物种植面积的年均比重为 37. 32%。种植面积在 2009—2011 年增长幅度较大，其中，2011 年后呈现逐年下降的趋势，2017 年为 81. 8 千公顷。芝麻种植面积最小，年均种植面积仅为 11. 42 千公顷，占油料作物总种植面积的年均比重为 5% 左右。且从纵向看，芝麻种植面积经历了较大幅度的下降。2004 年芝麻种植面积为 34. 7 千公顷，2017 年仅为 3. 1 千公顷，不足 2004 年的 10%。

表 4 – 5　　吉林省主要油料作物种植面积和规模优势指数

年份	花生种植面积（千公顷）	花生规模优势指数	芝麻种植面积（千公顷）	芝麻规模优势指数	向日葵种植面积（千公顷）	向日葵规模优势指数
2004	83. 0	0. 55	34. 70	1. 74	68. 40	2. 29
2005	111. 9	0. 75	32. 05	1. 70	103. 74	3. 19
2006	113. 0	0. 87	21. 46	1. 16	95. 85	3. 74
2007	100. 16	0. 77	8. 82	0. 55	68. 44	2. 90
2008	126. 87	0. 93	8. 02	0. 53	62. 69	2. 03
2009	122. 49	0. 87	8. 03	0. 53	100. 68	3. 28
2010	135. 42	0. 92	8. 37	0. 58	150. 14	4. 70
2011	118. 46	0. 80	9. 89	0. 70	111. 14	3. 67
2012	141. 45	0. 94	7. 26	0. 51	104. 90	3. 63
2013	148. 28	0. 97	6. 00	0. 44	110. 10	3. 63
2014	150. 4	1. 72	5. 10	0. 63	96. 60	5. 37
2015	173. 4	1. 96	3. 91	0. 48	84. 84	4. 27
2016	206. 7	1. 95	3. 20	0. 35	82. 30	3. 18
2017	332. 6	2. 34	3. 10	0. 44	81. 80	2. 26
平均	147. 44	1. 17	11. 42	0. 74	94. 40	3. 44

资料来源：《中国农业年鉴》（2005—2018 年）。

从具体油料作物的规模优势指数看，芝麻平均规模优势指数小于 1，为 0. 74，整体表现出规模劣势。向日葵的规模优势较明显，十四年间的

平均规模优势指数为3.44。花生的规模优势指数表现出了增长的态势，从2004年的0.55增加到2017年的2.34，说明从目前来看，吉林省花生种植规模表现出微弱的劣势。芝麻的规模优势则表现出相反的变化趋势，2004—2006年吉林省花生种植具有明显的规模优势，尤其是2004年规模优势指数达到了1.74，而后逐渐降低，2017年芝麻规模优势指数仅为0.44，劣势十分明显。向日葵的规模优势一直比较明显，且表现出增加的态势。2004年吉林省向日葵规模优势指数为2.29，2013年增加到3.63。吉林省向日葵种植规模优势明显，很重要的一个原因是从全国来看，油菜是最重要、种植面积最广的油料作物，在全国油料作物种植总面积中所占比重达到了50%以上，这就使得向日葵在油料作物种植面积中所占的比重降低了。

（五）糖料作物规模优势分析

2017年中国糖料作物种植面积1545.6千公顷，总产量11378.8万吨，每公顷产量73619千克，主要糖料作物是甘蔗和甜菜。甘蔗和甜菜的种植面积悬殊，2017年全国甘蔗种植面积1371.4千公顷，而甜菜种植面积仅为173.4千公顷，仅为甘蔗的12.64%。中国的甘蔗产地主要是广西，其他的甘蔗主要产地有广东、云南、新疆、内蒙古和黑龙江等，吉林省没有甘蔗种植。由于甜菜种植对土地质量要求较高，因此种植面积远低于甘蔗。2017年中国甜菜种植地区集中在新疆、内蒙古、黑龙江等省份。

从表4-1规模优势指数看，吉林省糖料作物（甜菜）种植规模劣势极其明显，2004—2017年平均规模优势指数仅为0.05，且吉林省甜菜规模优势指数波动幅度较大。2004年吉林省糖料作物规模优势指数为0.03，其后各年持续递增，直到2008年规模优势指数增加到0.11，2009年急剧下降为0.04，2012年又突然增加至0.10，2013年为0.03。甜菜种植的绝对面积波动的周期同规模优势指数一致，种植规模很小，且极其不稳定。

（六）烤烟规模优势分析

虽然烟草对人体有一定的伤害，但作为世界第一烟草大国，烟草种植对中国经济有着重要的影响。全国烟草种植面积较小，不到农作物总种植面积的 1%。烤烟作为烟叶的一种，占中国烟草种植的 90% 以上。2013 年全国烟草种植面积 1622.9 千公顷，其中烤烟种植 1526.9 千公顷，2017 年烤烟种植面积为 1378.7 千公顷，主要分布在云南、贵州、河南、湖南等省份。

从种植规模的绝对数量看，2004 年吉林省烟叶种植面积为 20.2 千公顷，其中烤烟 10.7 千公顷；2007 年吉林省烟草种植面积 10.47 千公顷，烤烟 5.6 千公顷；2017 年烟叶种植面积为 6.24 千公顷，其中烤烟 2.97 千公顷，烟叶种植面积和烤烟种植面积比 2004 年分别下降了 69.11% 和 72.24%。十四年间种植面积最广的是 2012 年，烟草种植面积 25.05 千公顷，烤烟 12.1 千公顷。

从规模优势指数分析，除了 2007 年，吉林省烤烟种植规模优势比较稳定。2007 年吉林省烤烟规模优势指数为 0.16，是十四年间最低值。其余各年指数较低的是 2017 年，为 0.08，最高为 2010 年 0.34。吉林省烟叶种植规模优势指数高于烤烟，十四年间规模优势指数平均为 0.46，最高的年份为 2010 年 0.55。

（七）蔬菜规模优势分析

20 世纪 80 年代后，中国蔬菜产业得到了迅速的发展。目前在全国主要农作物中，蔬菜的种植面积仅次于水稻和玉米，居第三位。2017 年，全国蔬菜种植面积 19981.1 千公顷，占农作物总播种面积的 12.01%。同其他作物不同，蔬菜种植在全国比较分散。蔬菜种植大省主要有山东、河南、江苏、广东和河北等。2017 年吉林省蔬菜种植 82.8 千公顷，占全国种植面积的 0.41%，与蔬菜种植面积最大的山东省 1462 千公顷相差甚远。

从规模优势指数看，吉林省蔬菜种植劣势比较明显。2004—2017 年十四年间吉林省蔬菜规模优势指数平均为 0.33，从变动趋势看，2013 年以前吉林省蔬菜种植规模优势指数比较平稳，指数最高的为 2004 年 0.42，2013 年后蔬菜规模优势指数呈下降趋势，2017 年最低仅为 0.11。从蔬菜种植面积的绝对数量看，2004 年吉林省蔬菜种植 235.6 千公顷，

2017年种植面积仅为82.8千公顷。

（八）水果规模优势分析

水果产业一直以来并未受到重视，不同于关系到国家粮食安全的粮食产业，也不同于同居民消费关系密切的蔬菜产业，水果并不是农民种植的重点作物，也不是学者研究的重点。水果产业是劳动密集型产业，并受到自然资源禀赋如土地、光照、温度、湿度等自然条件的影响。由于中国各省和地区的自然资源禀赋差异较大，因此各地区代表性的水果也不同。苹果、梨、葡萄等水果的种植主要集中在温带地区，如陕西、山东、甘肃、四川、新疆、河北和河南等省份，柑橘和香蕉的种植主要分布在热带和亚热带地区，如广东、广西、海南、云南等省份。

吉林省的水果主要有苹果、梨、葡萄。2013年吉林省果园面积52.7千公顷，其中苹果、梨、葡萄种植面积分别为13.7千公顷、13.4千公顷和12.8千公顷，占果园总面积的比重分别为26%、25.43%和24.29%。2013年吉林省水果产量612504吨，三种主要水果苹果、梨和葡萄的产量分别为171467吨、191991吨和147787吨，所占水果总产量的比重分别为28%、31.35%和24.13%，三种水果产量比重超过了80%。纵向看，吉林省水果种植面积呈下降的趋势。2004年吉林省果园面积74千公顷，至2013年十年间吉林省果园面积逐年减少，相比2004年，2013年吉林省果园面积下降了28.78%。2017年，吉林省水果种植面积进一步减少至18.61千公顷，总产量17.2万吨。

从规模优势指数看，吉林省水果规模劣势非常明显，在研究的所有农作物中，吉林省水果规模优势仅高于糖料作物。十四年间，吉林省水果平均规模优势指数0.15，而且规模优势指数逐年递减。2004年为0.24，递减至2017年的0.05。虽然吉林省的自然资源不具备发展栽培果树的优势，但一些野生果树，如山梨、核桃、山里红、猕猴桃、蓝莓、山葡萄等却具备很大的发展潜力，尤其是蓝莓种植是吉林省一大特色水果产业。

二　主要种植业产品效率比较优势测算

吉林省种植业以粮食为主，且粮食作物单产在全国一直位于前列，2011—2013年连续三年粮食作物单产位居全国第一位，分别为6977千克/公顷、7251千克/公顷和7414千克/公顷。而同样三年内，全国粮食作物平均单产仅为5166千克/公顷、5302千克/公顷和5377千克/公顷，三年内吉林省粮食单产比全国平均水平依次高了35.06%、36.76%和37.88%，单产优势逐年提高。同全国相比，吉林省经济作物中油料作物和糖料作物具有劣势，蔬菜和水果单产水平同全国平均水平相当。

（一）水稻效率优势分析

水稻是吉林省三种主要粮食作物中单产水平最高的，2004—2017年十四年间的平均单产是7965千克/公顷，2017年水稻单产8338千克/公顷，比2004年提高了14.34%。2004—2007年吉林省水稻单产小幅逐年增加，2008—2011年是水稻单产水平较高的一段时期。2012年单产水平相比上年大幅降低，2013年产量有所回升，2013年吉林省水稻单产水平居全国第八名。吉林省水稻单产虽然远远高于全国平均水平，具有绝对的优势，但从效率优势指数看，吉林省水稻单产具有微弱劣势。这主要是因为吉林省除了三种主要粮食作物以外，其他的粮食作物如马铃薯、谷子等虽然种植面积小，但单产水平却远远高于全国同种粮食作物的平均单产水平。

（二）玉米效率优势分析

表4-1反映了吉林省玉米、水稻、大豆的效率优势指数。2004—2017年，吉林省玉米单产绝对数量大幅增加，从2004年的6238千克/公顷提高到2017年的7807千克/公顷，提高了25.15%。2017年吉林省玉米单产居全国第一名。从十四年间的变化看，吉林省玉米单产呈波动式增长，2007年、2008年和2009年波动剧烈，大起大落。横向看，吉林省玉米平均单产低于水稻，但从2012年开始，连续两年单产超过了水稻；由于作物属性的差别，吉林省水稻和玉米单产远高于大豆单产。虽然吉林玉米单产绝对数量远高于全国平均水平，但从效率优势指数看，

吉林省玉米单产同全国相比不具有优势，十四年间的平均效率优势指数为0.97。

（三）大豆效率优势分析

在主要粮食作物中，大豆的单产水平最低。2004—2017年，吉林省大豆的平均单产仅为2162千克/公顷，为同期玉米平均单产的32.62%、稻谷单产的28.69%。其间全国大豆平均单产1721.5千克/公顷，比吉林省的该水平低了23.72%。从全国排名看，2017年吉林省大豆单产2278千克/公顷，在全国所有省和地区中排名第15位，高于全国平均单产1854千克/公顷。

表4-6　　吉林省主要农作物单产　　单位：千克/公顷

年份	水稻	玉米	大豆	油料	糖料	烤烟	蔬菜	水果
2004	7292	6238	2892	1716	27328	2099	29707	9230
2005	7237	6489	2579	1888	26257	1983	39721	9764
2006	7425	7071	2707	2028	25758	2249	37792	10454
2007	7464	6308	1759	1180	17857	1777	36974	10833
2008	8790	7127	1982	2442	34193	2352	40945	10456
2009	7647	6121	1875	2074	28131	2681	41769	11064
2010	8441	6578	2298	2324	23479	2287	43940	11087
2011	9020	7463	2585	2838	32482	2745	41011	10966
2012	7587	7852	1776	3028	31443	2674	40341	11106
2013	7751	7933	2116	3038	27261	2510	43712	11625
2014	7866	7395	1749	3218	34175	2672	41503	11134
2015	8272	7384	1799	2520	23440	2615	42887	11126
2016	8379	7747	1991	2603	47908	2516	42531	10939
2017	8338	7807	2278	3144	38245	2632	43051	9242
平均	7965	7108	2162	2432	29854	2397	40420	10645

资料来源：《中国农业年鉴》（2005—2018年）。

纵向看，在其他粮食作物单产水平不断提高的趋势下，吉林省大豆单产却呈现下降的态势。2002 年吉林省大豆单产为 3072 千克/公顷，比 2017 年的单产水平高出 34.86%。而且十年间吉林省大豆单产水平波动频繁。不仅如此，2012 年和 2013 年吉林省大豆单产水平还低于 1995—1999 年的平均水平。从效率优势指数看，十四年间大豆的平均效率优势指数为 0.96，有微弱劣势。

（四）油料作物效率优势分析

吉林省的油料作物有花生、芝麻和向日葵籽，其中花生和向日葵籽的播种面积相当，芝麻的播种面积很小。吉林省花生单产最高，平均单产为 2974.17 千克/公顷，平均的吉林省花生效率优势指数为 0.90，具有微弱劣势。从花生单产的变动情况看，十四年间吉林省花生单产不断提高，2004 年单产水平为 2451 千克/公顷，远低于同年全国平均单产 3022.44 千克/公顷。吉林省花生单产虽有波动，但整体增长趋势明显，2017 年吉林省花生单产 3285 千克/公顷，仍低于当年的全国平均单产 3710 千克/公顷。

吉林省芝麻虽然种植面积较小，但同全国平均水平相比，吉林省芝麻表现出了微弱的效率优势。十四年间吉林省芝麻平均的效率优势指数 1.06，该指数超过了花生和向日葵籽，是三种油料作物中唯一表现出效率优势的品种。吉林省芝麻单产绝对数量与全国平均水平相当，但其单产水平不稳定。

表 4－7 吉林省三种主要油料作物的单产和效率优势指数（EAI）

年份	花生单产（千克/公顷）	花生 EAI	芝麻单产（千克/公顷）	芝麻 EAI	向日葵单产（千克/公顷）	向日葵 EAI
2004	2451.00	1.00	959.54	1.05	1371.02	1.02
2005	2562.36	0.95	1101.31	1.19	1561.34	0.94
2006	2625.56	0.89	1190.31	1.13	1684.28	1.01
2007	2196.45	1.28	793.65	1.33	876.70	1.02

续表

年份	花生单产（千克/公顷）	花生 EAI	芝麻单产（千克/公顷）	芝麻 EAI	向日葵单产（千克/公顷）	向日葵 EAI
2008	2757.74	0.77	1694.11	1.28	1942.02	0.99
2009	2490.77	0.83	1018.17	0.87	1712.61	0.94
2010	2738.60	0.79	1488.65	1.14	1938.00	0.83
2011	3040.60	0.73	1398.08	0.85	2797.92	0.96
2012	3300.78	0.75	1901.52	1.06	2830.58	0.88
2013	3765.49	0.92	1150.88	0.64	2341.00	0.74
2014	3630	0.79	1425	0.75	2458	0.73
2015	3562	1.25	1601	1.19	1998	0.86
2016	3232	0.87	2133	1.34	1644	0.63
2017	3285	0.74	—	—	—	—
平均	2974.17	0.90	1373.48	1.06	1935.04	0.89

资料来源：《中国农业年鉴》（2005—2018年）。

吉林省向日葵种植面积同花生旗鼓相当，但单产水平低于花生。2004—2017年吉林省向日葵单产平均水平1935.04千克/公顷，为花生平均单产的65.06%。从比较优势看，吉林省向日葵籽的效率优势指数略低于花生，十四年平均的数值为0.89。同全国平均的向日葵单产相比，吉林省向日葵籽单产略低于全国平均水平。2004—2013年全国平均的向日葵籽单产为2097.31千克/公顷，但波动情况却有很大差异。吉林省向日葵籽单产水平波动较频繁和剧烈，水平最低的2007年单产水平仅为876.7千克/公顷，最高的2012年为2830.58千克/公顷，为2007年的3倍还多。因此，吉林省向日葵籽单产既不具备绝对优势，也欠缺比较优势，且产量不稳定。

（五）糖料作物效率优势分析

糖料作物并不是吉林省的主要农作物品种，2004—2017年其播种面积占吉林省所有农作物播种总面积的平均比重约为0.7%，而且吉林省只有甜菜的种植，没有种植甘蔗。从甜菜的单产数量看，2017年吉林省甜菜的单产水平为38245千克/公顷，同期全国平均的甜菜单产为53843千克/公顷，吉林省仅为全国平均水平的71%。从纵向看，吉林省甜菜生产效率增长幅度较大，2004年甜菜单产仅为27328千克/公顷。

(六) 烤烟效率优势分析

吉林省的烤烟单位面积产量高于全国，2004—2017年，吉林省烤烟单产是全国平均单产的1.12倍。从纵向看，2017年吉林省烤烟单产比2004年提高了19.58%，但烤烟单产水平波动比较频繁。十四年间烤烟单产水平最高的年份是2011年，为2745千克/公顷，最低的年份是2007年，为1777千克/公顷。从效率优势指数看，吉林省也具有比较优势，平均的效率比较优势指数为1.16，2017年的优势指数为1.25，高于2004年。

(七) 蔬菜效率优势分析

2017年吉林省蔬菜单产43051千克/公顷，比全国平均的蔬菜单产34629千克/公顷高了24%。蔬菜效率最高位2013年，单产为43712千克/公顷，位居全国第8。纵向看，吉林省蔬菜单产水平十四年间总体趋势是波动中逐步增长。2004年吉林省蔬菜单产29707千克/公顷，2013年的蔬菜单产水平比2004年提高了47.14%。同时期，从全国来看，2004年蔬菜平均单产为31357千克/公顷，2013年该数值为35174千克/公顷，2013年比2004年提高了12.17%，因此，吉林省蔬菜单产增长幅度远高于全国平均的增长幅度。吉林省蔬菜的效率优势指数大于1，平均值为1.19，而且吉林省蔬菜效率优势指数整体态势是提高的，从2004年的0.95提高到2017年的1.24，效率优势指数最高的是2009年，为1.28。

(八) 水果效率优势分析

由于数据的可得性，水果的单位面积产量是根据中国农业年鉴中全国和吉林省的果园面积和水果总产量计算得出的。水果并不是吉林省的主要种植作物，2004—2017年吉林省水果种植平均比重仅为1.2%。从水果的单产水平看，吉林省略低于全国平均水平，平均的效率优势指数为0.94。但从纵向看，吉林省水果单产优势逐渐减弱，2010年起，吉林

省水果单产表现出微弱的劣势。

从绝对数量看，吉林省水果单产是逐年提高的。2004 年吉林省水果单产 9230 千克/公顷，2017 年为 9242 千克/公顷，比 2004 年略有提高，其间虽有波动，但幅度并不是很大，吉林省水果单产水平可以说是稳定中逐步提高。

三 主要种植业产品效益比较优势测算

吉林省农民收入的主要来源是种植业收入，而种植业中各类农产品的价格和利润直接影响到该种农产品的效益，进而影响到农民收入的变化。农民收入一直是中国三农问题的一个重要方面，国家目前也针对不同农产品实行了不同的价格制度，并积极推进农产品价格改革，以确保农民收入的稳定增长，维护农民利益，保证农民来自种植业的收益。从不同作物的每亩净利润来看，经济作物利润高于粮食作物，粮食作物中水稻的利润最高，大豆和玉米利润互有高低，总体差别不大。

表 4-8 2004—2013 年吉林省水稻、玉米、大豆、烤烟每亩净利润

单位：元/亩

年份	水稻	玉米	大豆	烤烟
2004	394.81	64.09	140.35	482.06
2005	407.88	87.03	75.21	137.02
2006	380.85	76.69	73.54	14.03
2007	163.82	58.55	246.99	457.62
2008	224.44	122.44	225.96	741.05
2009	292.38	40.7	123.45	370.33
2010	530.01	187.99	210.29	246.15
2011	492.21	229.97	158.49	379.02
2012	364.03	160.06	176.03	861.52
2013	41.49	66.58	15.03	581.9
2014	204.83	81.82	-25.73	-146.08
2015	175.40	-134.18	-115.09	278.57

续表

年份	水稻	玉米	大豆	烤烟
2016	141.96	-299.70	-209.81	-112.13
2017	132.55	-175.79	-130.89	-102.18
平均	281.90	40.45	68.84	299.21

资料来源：《全国农产品成本收益资料汇编》（2005—2018 年）。

（一）主要粮食作物效益比较优势分析

吉林省农民收入的主要来源是种植业收入，而种植业中最重要的部分是粮食收入，这部分主要测算水稻、玉米、大豆三种粮食作物的每亩净利润以及三种作物同全国平均水平相对比的效益优势指数。

从表 4-8 可以看到，三种粮食作物中单位面积利润最高的是水稻，2004—2017 年十四年间的平均利润是 281.9 元/亩，其次是大豆，平均利润为 68.84 元/亩，玉米的每亩净利润平均为 40.45 元/亩。值得注意的是，分别从 2014 年和 2015 年开始，大豆和玉米的每亩净利润为负。一方面，是农业生产资料成本上升，农业生产成本提高。另一方面，由于国家玉米、大豆收储制度的改革，导致玉米和大豆的价格下跌。从三种作物的效益比较优势指数看，水稻的效益优势最明显，平均比较优势指数为 1.26，大豆紧随其后，平均效益优势指数为 1.14。玉米作为吉林省种植面积最大的农作物，却表现出效益劣势，平均的效益优势指数为 0.65。

吉林省水稻的每亩净利润不同年份之间波动幅度较大，利润最低的年份为 2013 年，仅 41.49 元/亩，最高的年份 2010 年为 530 元/亩，玉米、大豆的每亩净利润也表现出了相似的特点。玉米利润最低的 2016 年每亩亏损近 300 元，最高的 2011 年为 229.97 元/亩，大豆利润最低的 2016 每亩亏损 209.81 元，最高的 2007 年达 246.99 元/亩。利润和收益的下降是大豆种植面积不断减少的最重要的原因。同时，来自低价进口大豆的冲击也导致了全国范围内和吉林省的大豆种植面积下降。

从纵向看，吉林省水稻净利润呈现先上升后下降的态势，大豆净利润下降幅度较大且利润非常不稳定。玉米的净利润较2010—2012年三年间利润较高，但2015年开始呈现幅度较大的亏损。三种主要作物的利润变动态势相对于其种植面积和单产水平的变化并不是完全一致的。如前所述，吉林省水稻、玉米在全省农作物种植总面积中的比重是提高的，而且两种作物的单产水平也不断提高，但每亩净利润的增长幅度低于种植面积和单位面积产量的提高幅度。其中一个重要的原因就是种子、化肥等农资成本不断提高，所以农民总收入虽然逐年增长，但纯收入提高的幅度有限。

（二）经济作物效益比较优势分析

吉林省油料作物的产值在2004—2017年有了很大增长。2004年，油料作物总产值为12.92亿元，2017年为55.4亿元，增长了3倍还多。从油料作物的效益优势指数看，吉林省油料作物经济效益同全国平均水平相比处于劣势，平均效益优势指数0.93。从纵向看，该指数整体趋势是增长的，2004年油料效益优势指数仅为0.48，十四年内该指数逐步提高，2017年为1.86，表现出较强的优势。

吉林省糖料作物产值在2004—2017年十四年间也有了大幅度的增长。2004年吉林省糖料作物产值0.08亿元，2017年增至到0.8亿元，增长了10倍。从效益优势看，吉林省糖料作物效益劣势非常显著，十四年平均值仅为0.05，对比其规模优势指数可以发现，吉林省糖料作物效益劣势和其规模劣势相当（0.05），比其效率优势（0.62）更大。因此，吉林省甜菜种植劣势明显。

吉林省烤烟虽然种植面积小，但每亩净利润远高于粮食作物。2004—2017年，吉林省烤烟种植每亩净利润十四年平均值为299.21元/亩，比同期水稻每亩净利润高了6.14%，是同期玉米每亩净利润的7.4倍，大豆的4.35倍。从效益比较优势指数看，吉林省烤烟同全国相比效益优势明显，十四年间烤烟的平均优势指数为4.92，这说明吉林省烤烟的绝对优势和比较优势都比较大。

由于数据的可得性，这部分没有采用蔬菜、水果的每亩净利润来计算吉林省蔬菜和水果的效益优势指数。而是采用了蔬菜、水果产值在种植业产值中的比重来计算，即用吉林省蔬菜、水果产值在种植业总产值中的比重除以同年全国平均的该比重。从计算结果可以看出，吉林省蔬菜产值在2004—2017年有了很大增长。蔬菜产值从2004年的58.3亿元增加到2017年的96.2亿元，增长了66%；水果产值从2004年的27.7亿元增长到2013年的82.4亿元，增长了1.97倍，但之后水果产值逐年下降，2017年仅为24.1亿元。

但从效益比较优势指数看，吉林省蔬菜和水果并不具备优势。蔬菜平均的效益优势指数为0.47，水果的效益优势指数平均为0.41，两种农作物的效益劣势都比较明显。但纵向来看，两种作物的效益比较优势又表现出一些不同的特点。纵向看，蔬菜和水果效益优势指数均呈现出下降的趋势，2017年二者的效益优势指数分别为0.29和0.13，均低于2004年的水平。究其原因，是因为吉林省平均气温较低，热资源贫乏，全年露地生产的时间短，而设施蔬菜和水果的生产与其他省份相比有一定差距。

四　主要种植业产品综合比较优势测算

这部分综合考虑吉林省各种农作物的规模、效率和效益优势，得出了各种作物的综合比较优势指数。从表4-1来看，吉林省具备综合比较优势的农作物按照优势大小依次是：玉米、大豆和烤烟，优势指数分别为1.35、1.06和1；具备综合比较劣势的农产品包括：水稻、油料作物、蔬菜、水果和糖料作物，综合优势指数分别为0.91、0.76、0.57、0.38、0.16。

具体分析，在具备综合比较优势的三种农产品中，玉米具有较强的规模优势，平均指数为3.01，微弱的效率劣势，平均指数0.97，具备效益劣势，平均指数0.65，因此吉林省玉米综合比较优势主要来自规模优势；大豆的规模、效益优势指数均大于1，分别为1.23和1.14；烤烟规模劣势明显，平均指数0.25，但具备效率优势和效益优势，平均指数分别为1.16和4.92；在吉林省表现出综合比较劣势的各种农作物中，水

稻具有规模劣势，平均指数为0.71，微弱的效率（单产）劣势，平均指数为0.93，具备效益优势，平均指数1.26；油料作物具有规模劣势，平均指数为0.61，花生单产不具备优势，平均指数为0.9，芝麻单产具备微弱优势，平均指数1.06，向日葵籽单产表现出微弱劣势，平均指数0.89。油料作物具备微弱的效益劣势，平均指数0.93；糖料作物规模、效率、效益劣势都非常显著，平均指数分别为0.05、0.62和0.05；蔬菜规模、效益表现出劣势，平均指数分别为0.33和0.47，具备效率优势，平均指数1.19；水果种植规模劣势和效益劣势都比较明显，平均指数为0.15和0.41，效率优势平均指数为0.94。

从纵向看，吉林省玉米种植综合比较优势指数在不断提高，主要得益于其效益优势指数的增长；水稻的综合比较优势指数波动频繁且幅度较大，主要是由于水稻的效率优势指数和效益优势指数波动引起的；大豆的综合比较优势下降，主要是因为规模优势下降幅度较大，效益比较优势在有些年份（如2013年）剧烈下降；油料作物虽然表现出综合比较劣势，但优势指数在十四年间不断提高，主要是油料作物的效益优势指数提高带来的；糖料作物综合比较劣势显著且波动频繁，2017年的综合比较优势指数尚低于2004年；烤烟的综合比较优势指数的变动趋势是波动中增长；蔬菜的综合比较优势同烤烟的趋势一致，波动中增长；水果的综合比较优势在十四年间波动中下降。

五　主要种植业产品比较优势的横向比较

中国地域广阔，南北地区之间自然条件、经济条件以及社会条件差异很大，而一个地区农业的发展与该地区的自然资源、社会经济条件关系密切，因此在将吉林省农业生产与全国平均水平对比的基础上，这部分将吉林省农业生产比较优势同辽宁、黑龙江、内蒙古等省份进行横向对比。主要原因是吉林省同这几个省份地理位置邻近，资源禀赋相似，四个省份都是玉米和大豆优势产区，因此，比较分析这几个地区农业生产优势的差异更具有针对性。

表 4－9　吉林省主要种植业产品比较优势的横向比较

地区	水稻	玉米	大豆	油料	糖料	烤烟	蔬菜	水果
规模优势指数（SAI）								
黑龙江省	1.36	1.94	5.06	0.92	0.43	0.31	0.14	0.04
辽宁省	0.85	2.45	0.63	1.05	0.05	0.27	0.93	1.21
内蒙古自治区	0.06	1.89	1.95	0.86	0.49	0.05	0.31	0.13
吉林省	0.76	2.09	1.15	0.94	0.32	0.21	0.46	0.46
效率优势指数（EAI）								
黑龙江省	1.10	1.03	0.98	0.74	0.54	1.20	1.01	1.24
辽宁省	1.10	1.03	0.98	1.29	0.78	1.34	1.80	1.34
内蒙古自治区	1.39	1.27	1.30	0.78	0.63	2.00	1.51	0.63
吉林省	0.89	0.97	0.96	1.13	0.62	1.26	1.20	0.91
效益优势指数（BAI）								
黑龙江省	0.86	1.38	0.76	—	—	6.03	—	—
辽宁省	0.89	1.48	2.89	—	—	2.51	—	—
内蒙古自治区	1.24	2.43	3.16	—	—	4.27	—	—
吉林省	0.79	0.85	1.04	—	—	5.11	—	—
综合优势指数（MAAI）								
黑龙江省	1.08	1.39	1.57	0.76	0.48	1.48	0.37	0.22
辽宁省	0.94	1.54	1.18	1.16	0.19	0.96	1.29	1.27
内蒙古自治区	0.48	1.75	1.82	0.99	0.55	0.97	0.68	0.29
吉林省	0.74	1.33	1.04	0.81	0.20	1.17	0.64	0.36

注：表中各种优势指数是利用各省 2011—2017 年的数据计算得出的平均数。

资料来源：《中国农业年鉴》（2012—2018 年）。

（一）水稻比较优势的横向比较

黑龙江省的水稻生产具有综合比较优势，辽宁省水稻生产具有微弱

的综合比较劣势，内蒙古的综合比较劣势最为明显。黑龙江省的水稻生产具有规模优势和效率优势，效益劣势。黑龙江省水稻种植面积最广，2011—2013年平均为3063.67千公顷，占所有农作物种植面积的比重为25.07%；辽宁省和吉林省水稻种植面积在农作物种植总面积中的比重相当；内蒙古的水稻种植面积最小，2011—2013年水稻种植面积平均仅为85.07千公顷，占所有农作物种植面积的比重仅为1.19%。从水稻单产看，吉林省水稻单产水平最高，三年平均为8119.33千克/公顷，内蒙古水稻单产水平低于吉林省，黑龙江省水稻单产水平在四个省中最低。但吉林省水稻生产却并不具备效率优势和效益优势，尤其是2013年吉林省水稻每亩净利润仅为41.49元。因此，吉林省水稻生产相对于其他三省具有绝对效率优势，但需要提高盈利能力。

（二）玉米比较优势的横向比较

从玉米生产来看，四个地区都有综合比较优势，内蒙古优势最为明显。内蒙古玉米具有规模劣势，效率优势和效益优势比较显著。黑龙江省玉米种植面积最广，辽宁省最小，吉林省和内蒙古相当。吉林省玉米单产最高，辽宁省次之，黑龙江省最低。但吉林省玉米生产效益较低，2013年每亩净利润仅为66.58元，这也拉低了吉林省玉米生产的效益优势指数，表现出劣势。2011—2013年内蒙古自治区玉米每亩净利润347.81元，在四个地区中最高。同其他几个省份相比，吉林省玉米生产效率较高，但盈利能力较差。

（三）大豆比较优势的横向比较

四个地区大豆生产都具有综合比较优势。从规模优势指数看，黑龙江省大豆种植最广，三年平均的面积为平均2765.1千公顷，内蒙古自治区第二，平均面积为622.9千公顷，吉林省为249.79千公顷，辽宁省最低为116.97千公顷。从大豆效率优势指数看，内蒙古自治区效率优势指数大于1，其余三省均表现出效率劣势，吉林省劣势最为明显。从大豆单产水平看，辽宁省单产最高，三年平均为2667千克/公顷，吉林省第二，平均为2159千克/公顷，黑龙江省最低，吉林省大豆单产与辽宁省相比有一定差距。从效益优势指数看，除了黑龙江省，其余地区大豆生产均具有效益比较优势，内蒙古自治区最为显著。吉林省平均的每亩净利润为116.52元，吉林省大豆盈利能力同内蒙古自治区和辽宁省相比具有较大差距。

（四）经济作物比较优势的横向比较

在本书研究的五种经济作物中，油料作物只有辽宁省具有规模比较优势、效率比较优势和综合比较优势，其余三省都具有规模比较劣势和综合比较劣势；糖料作物吉林省、黑龙江省、辽宁省和内蒙古自治区均具有综合比较劣势，且劣势都比较明显；烤烟种植黑龙江省和吉林省具有综合比较优势，效率优势和效益优势突出，尤其是每亩净利润，黑龙江省三年平均每亩净利润是全国平均的6.03倍，吉林省是全国平均水平的5.11倍，盈利能力较强；辽宁省蔬菜和水果具有综合比较优势，且蔬菜的效率比较优势突出，其余三省的蔬菜和水果综合比较劣势都比较明显，种植面积小，规模劣势突出。可见，除了辽宁省外，其余三省的经济作物种植面积较小，整体表现出劣势的特征。

第三节　主要畜产品比较优势测算

中国畜牧业以农区畜牧业为主，自从改革开放以来得到了长足发展。2013年全国农业总产值达到了96995.3亿元，其中牧业产值28435.5亿元，牧业产值占农业总产值的比重为29.32%，2017年全国农业总产值109331.7亿元，牧业产值29361.2亿元，比重为26.85%。

表4-10　　2004—2017年吉林省畜产品比较优势指数

年份	猪	牛	羊	禽	奶牛
规模优势指数（SAI）					
2004	0.45	1.45	0.42	1.33	0.45
2005	0.46	1.45	0.43	1.33	0.44
2006	0.44	1.46	0.41	1.31	0.41

续表

年份	猪	牛	羊	禽	奶牛
2007	0.66	1.36	0.43	1.13	0.47
2008	0.67	1.39	0.46	0.94	0.71
2009	0.67	1.39	0.47	0.93	0.48
2010	0.69	1.39	0.46	0.88	0.44
2011	0.71	1.37	0.47	0.92	0.42
2012	0.70	1.39	0.46	0.93	0.53
2013	0.70	1.40	0.45	0.88	0.53
2014	0.72	1.37	0.46	0.87	0.55
2015	0.73	1.33	0.49	0.92	0.60
2016	0.71	1.36	0.48	0.87	0.56
2017	0.65	1.51	0.42	0.82	0.41
平均	0.64	1.40	0.45	1.00	0.50
效率优势指数（EAI）					
2004	0.70	2.70	0.37	2.01	0.35
2005	0.77	2.90	0.39	2.04	0.34
2006	0.77	2.89	0.37	1.93	0.34
2007	0.80	2.74	0.41	1.88	0.47
2008	0.89	2.57	0.36	1.75	0.44
2009	0.87	2.48	0.35	1.56	0.48
2010	0.89	2.50	0.36	1.50	0.46
2011	0.91	2.52	0.37	1.49	0.46
2012	0.91	2.49	0.37	1.44	0.48
2013	0.91	2.45	0.38	1.43	0.49
2014	0.99	2.67	0.42	1.50	0.53
2015	0.99	2.52	0.40	1.40	0.56
2016	0.94	2.66	0.43	1.58	0.56
2017	1.01	2.41	0.42	1.53	0.45
平均	0.88	2.61	0.39	1.65	0.46

续表

年份	猪肉	牛肉	羊肉	禽肉	牛奶
综合优势指数（MAAI）					
2004	0.56	0.00	0.40	1.64	0.39
2005	0.59	0.00	0.41	1.65	0.39
2006	0.59	0.00	0.39	1.59	0.37
2007	0.73	0.00	0.42	1.46	0.47
2008	0.77	2.26	0.41	1.28	0.56
2009	0.77	2.16	0.40	1.20	0.48
2010	0.78	2.26	0.41	1.15	0.45
2011	0.80	2.24	0.42	1.17	0.44
2012	0.80	2.23	0.41	1.16	0.51
2013	0.80	2.20	0.41	1.12	0.51
2014	0.84	1.91	0.44	1.14	0.54
2015	0.85	1.83	0.44	1.13	0.58
2016	0.82	1.90	0.45	1.17	0.56
2017	0.81	1.91	0.42	1.12	0.43
平均	0.75	1.91	0.42	1.28	0.48

资料来源：《中国农业年鉴》（2005—2018 年）。

从生产结构看，目前我国畜产品产量比例最大的是猪肉，2017 年全国肉类产量 88654.4 万吨，其中猪肉产量 5451.8 万吨，牛肉产量 634.6 万吨，羊肉产量 471.1 万吨，禽肉产量 1981.7 万吨，牛奶产量 3038.6 万吨。由于中国幅员辽阔，各省、各地区的自然资源、技术水平、消费需求等的差异较大，畜牧业在各地区的分布也存在很大差异。目前来看，生猪养殖比较多的省份有四川省、河南省和湖南省，肉牛养殖规模较大的有河南省，西南地区的四川省、云南省、西藏自治区，以及西北地区的青海省、甘肃省等省份。吉林省的肉牛养殖占全国的比重也较大，2017 年吉林省肉牛养殖 322 万头，在全国 31 个省份中养殖数量居第 9 名。奶牛养殖规模较大的地区有内蒙古、河北、黑龙江、新疆等省份。

羊养殖较多的地区有内蒙古、新疆、山东、甘肃、青海、四川等省份。

吉林省作为粮食大省，丰富的粮食资源为畜牧业的发展提供了优越的条件。自从改革开放后，吉林省畜牧业的规模和产值都有了空前的发展。2017 年吉林省牛、猪、羊、家禽年末存栏头数分别达到了 399.9 万头、911.1 万头、399.9 万只和 15846 万只，猪肉、牛肉、羊肉、禽蛋、牛奶产量分别达到了 136.1 万吨、38.4 万吨、9.75 万吨、2 万吨和 34 万吨。畜牧业的发展对促进农村剩余劳动力就业、余粮有效利用、提高农民收入有着重要意义。

一 主要畜产品规模比较优势测算

由于猪、牛、羊和禽类的统计数量单位不同，根据《中国畜牧业年鉴》的折合方法，将 150 只蛋鸡折合 1 头牛，300 只肉鸡折合 1 头牛，5 头猪折合 1 头牛，15 只羊折合 1 头牛，利用各种牲畜的折合数量来计算规模优势指数。

（一）生猪养殖规模优势分析

吉林省的生猪养殖数量在过去十年内发展迅速，生猪年末存栏量从 2004 年的 568 万头增长到 2013 年的 1001.2 万头，增长了 76.32%，纵向看，生猪存栏规模最大的年份是 2007 年，为 1084.8 万头，2017 年存栏数量有所下降，为 911.1 万头。且与其他三种畜禽养殖规模相比，吉林省生猪养殖绝对数量是唯一递增的，牛、羊、禽的养殖数量 2017 年比 2004 年有所减少。从规模优势指数看，吉林省生猪养殖处于劣势，平均指数为 0.64。纵向看，生猪规模优势指数呈提高的态势，2004 年该指数为 0.45，2016 年为 0.71，2017 年为 0.65。

从全国范围看，吉林省虽然有“粮仓”的美誉，且产量最大的玉米还是饲料加工的主要原料，但吉林省的生猪养殖在全国并未取得相应的地位。2013 年吉林省生猪年末存栏规模在全国 31 个省份中排名 17 位，生猪养殖户共 76.97 万户，其中养殖规模 1—49 头的养殖户数 62.11 万户，占所有生猪养殖户的 80% 以上；养殖规模 500 头以下的养殖户占了总养殖户数量的 98%；养殖规模在 1000 头以上的养殖户 2636 户，占所有户数的0.34%。2017年，生猪养殖户共35.13万户，其中养殖规模1—49头的养殖户数28.36万户，占所有生猪养殖户的80.71%；1000头以上的养殖户为1511户，占所有养殖户数的0.43%。因此，从养殖户的结构看，吉林省生猪养殖仍然是以散养和小规模养殖为主，但规模化养猪场所占比重以及规模化猪场肉猪出栏比重呈现不断提高的趋势，2009年吉林省规模猪场肉猪出栏比重达到了68.54%。

与其他生猪主产省份相比，吉林省生猪规模化养殖所占的比重虽然并未表现出劣势，但从绝对数量看，仍然存在一定的差距。表4－11反映了吉林省及其他生猪主产省各种生猪饲养规模的比重。从表中可以看出，吉林省生猪散养的比重在四个省中比例最低，四川省最高。

从各省饲养规模在100头以下的比重来看，吉林省为93.1%，四川省为99%，河南省为90.59%，湖南省为97.12%。吉林省100—999头生猪养殖户所占比重为6.72%，四川省为0.28%，河南省为6.24%，湖南省为2.32%。1000头以上的生猪养殖户比例中，吉林省的比例为0.43%，四川省0.09%，河南省为1.01%，湖南省为0.23%。因此，从各种养殖规模所占的比例看，吉林省与四川省、湖南省相比，规模化养殖的比例比较高，但从绝对数量上看，吉林省生猪规模化养殖发展滞后。2017年，生猪养殖规模在1万头以上的养殖户数，吉林省为37户，四川省为195户，河南省为628户，湖南省为286户。生猪养殖规模在5万头以上的养殖户数，吉林省为6户，四川省为10户，河南省为102户，湖南省为31户。因此，吉林省生猪规模化养殖发展程度远远低于河南省和湖南省，而另一主要生猪养殖省份四川省，规模化养殖的发展并不充分。

表4－11　2017年吉林省及其他生猪主产省生猪养殖规模比重　单位：个

年出栏头数 / 省份	1—49头	50—99头	100—499头	500—999头	1000—2999头	3000—4999头	5000—9999头	10000头及以上
吉林	283574	43527	19177	3556	1092	280	102	37

续表

省份＼年出栏头数	1—49头	50—99头	100—499头	500—999头	1000—2999头	3000—4999头	5000—9999头	10000头及以上
四川	5612240	135508	43039	10192	4258	677	327	195
河南	705962	46865	56492	13303	5625	1276	842	628
湖南	3077086	146614	71320	16630	5524	1343	636	286

资料来源：《中国畜牧兽医年鉴》（2018年）。

（二）牛养殖规模优势分析

吉林省内不同地区地形条件有差异，各地区牛的饲养方式也有不同。东部山地居多，牛养殖多以春、夏、秋季放牧，冬季舍饲为主。中部平原地带，秸秆资源丰富，多为全期舍饲，西部草场资源丰富，多以放牧为主，补饲为辅①。2017年全国牛出栏量为4340.3万头，年末全国牛存栏量9038.7万头，其中肉牛6617.9万头，占73.22%，奶牛1079.8万头，占11.95%。2017年吉林省牛出栏233.6万头，全国排名第8位，年末存栏数量337.6万头，全国排名第14位，其中肉牛322万头，占95.38%，奶牛14万头，占4.15%，吉林省牛养殖以肉牛为主。从绝对数量看，吉林省牛养殖规模不断缩减，2004年吉林省年末牛存栏量为525万头，2017年比2004减少了35.7%。

总体看来，吉林省养牛业的规模优势指数平均为1.4，具备规模优势，但是吉林省肉牛和奶牛的规模优势情况却截然不同，肉牛养殖规模优势明显，奶牛养殖规模劣势比较大，2004年吉林省该指数为1.45，2017年为1.51，略有提升。因此，吉林省牛养殖规模虽然具备绝对优势和比较优势，但比较优势减弱，只有大力发展养牛业才能保持优势地位。

① 冯凯、滕佳敏、文美英：《吉林省肉牛产业发展的现状及建议》，《肉类工业》2015年第2期。

表4－12　2017年吉林省及其他肉牛主产省肉牛养殖规模比重　单位：%

省份＼年出栏头数	1—9头	10—49头	50—99头	100—499头	500—999头	1000头及以上
全国平均	95.39	3.76	0.60	0.20	0.03	0.009
吉林	85.84	11.55	1.89	0.60	0.09	0.025
河南	97.31	2.18	0.28	0.19	0.03	0.010
四川	96.82	2.51	0.48	0.18	0.02	0.004
云南	98.79	1.03	0.14	0.04	0.00	0.002

资料来源：《中国畜牧兽医年鉴》（2018年）。

1. 肉牛养殖规模优势分析

自2005年起，随着东北优势肉牛养殖地区（包括吉林、辽宁、黑龙江、内蒙古及河北）肉牛产业的不断发展，吉林省肉牛养殖在全国的地位不断提高。表4－12反映了全国平均的及吉林、河南、四川、云南四省各种规模的肉牛养殖户数在肉牛养殖总户数中所占的比重。以上四省均为全国主要肉牛养殖省份。从表4－12可以看出，年出栏1—9头肉牛养殖户所占的比重，吉林省最低，为85.84%，低于其余三省，且低于全国平均水平。年出栏10—49头肉牛养殖户的比重，吉林省明显高于其他三省及全国平均比重，为11.55%。肉牛出栏量50—999头肉牛养殖户的比重，吉林省为2.58%，全国平均比重为0.83%，河南省为0.5%，四川省为0.67%，云南省为0.18%。因此，我们可以得出结论，不论是同全国平均比重相比，还是同其他三个肉牛主产省份相比，吉林省肉牛养殖规模都比较大，规模优势明显。

2. 奶牛养殖规模优势分析

与吉林省肉牛养殖的规模优势状况不同，吉林省奶牛养殖发展比较滞后。2014—2017年，吉林省奶牛存栏量在全国的比重平均为3%。2017年吉林省奶牛存栏14万头，占全国比重2%，与其他奶牛主要养殖省份相比差距较大。2017年内蒙古奶牛年末存栏量123.4万头，约是吉林省的9倍。从全国范围看，除了内蒙古自治区，河北省、黑龙江省的

奶牛养殖数量也较高，因此，表4-13分析了全国及上述三个省份和吉林省的不同奶牛养殖规模所占的比重。

从表中可以看出，不论是全国范围内，还是主要奶牛养殖省份，都是以散养为主，存栏量在1—49头养殖户（场）的比例内蒙古最低，为88.56%，吉林省奶牛养殖规模为1—49头的比例占到了94.98%，低于全国平均的比例，但高于内蒙古自治区和河北省。养殖数量在50—99头的比例为3.36%，1000头及以上的养殖户（场）所占比例仅为0.16%。从绝对数量看，2017年全国奶牛年存栏量超过1000头养殖户（场）的有1356家，河北省330家，内蒙古自治区148家，黑龙江省104家，吉林省8家。不论是从比例看，还是从规模养殖户的绝对数量看，吉林省都不具备优势。因此，吉林省奶牛养殖规模小，以散养为主。奶牛养殖规模优势指数平均值仅为0.5，且规模优势指数波动频繁。

表4-13　**吉林省及其他主要奶牛养殖省份奶牛养殖规模比重**　单位：%

省份＼年出栏头数	1—49	50—99	100—199	200—499	500—999	1000—1999	2000—4999	≥5000
全国平均	97.89	1.07	0.38	0.30	0.19	0.10	0.05	0.01
吉林	94.98	3.36	0.60	0.64	0.28	0.09	0.02	0.04
内蒙古	88.56	6.59	2.99	1.03	0.47	0.15	0.16	0.05
黑龙江	97.54	1.07	0.57	0.50	0.16	0.08	0.06	0.02
河北	93.18	1.45	1.59	1.26	1.50	0.79	0.15	0.08

资料来源：《中国畜牧兽医年鉴》（2018年）。

（三）羊养殖规模优势分析

2017年，全国羊年底存栏30231.7万只，其中山羊13823.8万只，绵羊16407.9万只。吉林省2017年羊年底存栏399.9万只，在全国居第21位，位于中下游水平，其中山羊52万只，绵羊347.9万只，占比87%，吉林省养羊业以绵羊为主。全国范围内，养羊业比较发达的省份包括内蒙古、新疆、山东、甘肃、青海及四川等省份。吉林省养羊业主要位于西部的松原和白城地区，是中国传统的毛用羊产区，但随着人们饮食结构的改变及羊肉价格的不断攀升，产肉羊所占比例不断提高。

从纵向看，吉林羊存栏量整体略有下降。2004 年年底吉林羊存栏 410 万只，2017 年比 2004 年减少了 2.46%。2017 年年底内蒙古羊存栏数量为 6111.9 万只，新疆存栏 4317.9 万只，山东出栏 1754 万只，居全国前三名。表 4－14 将吉林省养羊业不同养殖规模所占的比重同全国平均比重和三个省份进行比较。

表 4－14　**2017 年吉林省及其他羊主产省羊养殖规模比重**　单位：%

年出栏头数 / 省份	1—29 只	30—99 只	100—199 只	200—499 只	500—999 只	1000—2999 只	≥3000 只
全国平均	86.85	10.08	2.00	0.79	0.20	0.06	0.01
吉林	52.03	41.97	3.47	1.84	0.48	0.17	0.04
内蒙古	60.37	24.59	9.66	4.20	0.98	0.16	0.04
新疆	81.40	14.68	2.64	0.86	0.31	0.08	0.02
山东	85.73	11.63	1.72	0.62	0.15	0.13	0.02

资料来源：《中国畜牧兽医年鉴》（2018 年）。

从不同养殖规模所占的比重看，吉林省规模养殖年出栏 30 只以上户（场）所占比例较高，为 47.97%，全国平均比例为 13.15%，内蒙古为 39.63%，新疆为 18.6%，山东为 14.27%。年出栏数量 1—29 只羊的养殖户比例，吉林最低，为 52.03%，低于全国平均的 86.65%。因此，虽然同全国平均比例和其他主要养羊省相比，吉林规模养殖户的比例较高，但吉林养羊业仍然以 30 只以下的养殖场（户）为主。

从规模优势指数看，吉林养羊业规模优势指数十四年平均值为 0.45，在四种主要畜禽品种中规模优势指数最低。从变动情况看，吉林养羊业规模优势指数虽有波动，但波动不大，各年指数比较平均。总体来看，吉林养羊业规模既不具备绝对优势，也不具备比较优势。

（四）家禽养殖规模优势分析

20世纪80年代末及以前，中国的家禽养殖业一直处于散养、品种落后、经济效益差的阶段，20世纪90年代初，由于政策的推动作用以及国营养殖企业的示范和带动作用，中国的家禽养殖业发展迅速，从散养发展到适度规模养殖。21世纪初，产业化经营推动了规模化养禽的发展，养禽业经济效益明显提高①。中国的养禽业以蛋鸡和肉鸡饲养为主。2017年全国家禽年末存栏60.53亿只，山东省家禽存栏7.6亿只，居第一位，居第二位的是河南省，年末存栏6.5亿只，辽宁省家禽年末存栏4.1亿只，居第三位。吉林省2017年末家禽存栏量1.58亿只，在全国居第14位。从纵向看，吉林省家禽养殖数量在2004—2017年呈现先下降后上升的趋势。2004年吉林省家禽存栏量1.33亿只，此后逐年下降，到2013年家禽存栏0.88亿只，2014年起逐年增加。

吉林省家禽养殖以肉鸡养殖和蛋鸡养殖为主。表4－15分析了吉林省各种肉鸡、蛋鸡饲养规模的比重同全国平均比重及其他主要养鸡业省份的比重，并对它们进行比较。从表中可以看出，吉林省肉鸡规模化养殖场（户）的比例高于全国平均水平，且高于河南省的规模化养殖比例，但低于山东省和辽宁省的比例。2017年全国年肉鸡出栏量100万只以上的养殖场（户）有953家，其中山东省269家，河南省36家，辽宁省44家，吉林省20家。吉林省2000只以内的肉鸡养殖场（户）的数量占到了所有养殖场（户）的89.15%，养殖规模扩大的空间还很大。

表4－15　2017年吉林省肉鸡及其他肉鸡主产省肉鸡养殖规模比重　单位：%

年出栏头数 / 省份	1—1999只	2000—9999只	10000—29999只	3万—49999只	5万—99999只	10万—499999只	50万只及以上
全国平均	98.46	0.92	0.32	0.14	0.10	0.04	0.01
吉林	89.15	6.75	3.18	0.52	0.25	0.13	0.03

① 张凤娟：《中国家禽产品出口贸易影响因素的实证研究》，博士学位论文，山东农业大学，2013年。

续表

年出栏头数 / 省份	1—1999 只	2000—9999 只	10000—29999 只	3 万—49999 只	5 万—99999 只	10 万—499999 只	50 万只及以上
河南	93.42	3.81	1.25	0.77	0.50	0.20	0.05
山东	65.62	10.87	5.91	6.34	7.41	3.04	0.81
辽宁	73.23	11.97	7.73	3.52	2.34	1.03	0.17

资料来源：《中国畜牧兽医年鉴》（2018 年）。

从养禽业的规模优势指数看，2004—2017 年，吉林省养禽业既不具备规模优势，也不具备规模劣势，平均的规模优势指数为 1。但纵向看，吉林省养禽业的规模优势指数呈递减态势。2004 年吉林省养禽业规模优势指数为 1.33，之后逐渐下降，2008 年该指数为 0.94，已表现出微弱的规模劣势，2017 年该指数为 0.82，规模劣势进一步加大。吉林省家禽养殖在全国处于中等水平，虽然养殖规模优势指数大于 1，但近几年却表现出规模劣势。

总体来看，吉林省生猪、肉牛、羊和家禽的饲养仍然都是以散养和小规模养殖为主，从养殖的绝对数量看，吉林省生猪养殖数量比十四年前有较大幅度增长，肉牛、羊和家禽的养殖数量都有不同程度的下降。从绝对优势看，吉林省猪、羊的养殖数量在全国都位于 20 位左右，具有绝对的劣势，禽的养殖数量在全国的排名是中等偏上，牛的养殖数量排名比较靠前，具有绝对优势。从规模化养殖的比例看，吉林省四种畜禽养殖的规模化养殖比例都高于全国平均水平。

二　主要畜产品效率比较优势测算

改革开放后，由于政策的引导和经济效益的推动作用，吉林省畜牧业得到了长足发展，各种畜产品产量都有了很大幅度的增长。1978 年，吉林省肉类总产量 15.64 万吨，经过了长期的发展，2013 年肉类产量达到了 262.6 万吨，是 1978 年的近 17 倍，但 2014 年起肉类产量小幅下降，至 2017 年为 256.1 万吨；1978 年吉林省奶类产量 2.02 万吨，2013 年达到了 48.34 万吨，增长了 23 倍，2017 年为 34 万吨。这部分主要分析吉林省各

种畜产品的产量优势。根据数据的可得性，这部分主要利用全国及吉林省猪肉、牛肉、羊肉、禽肉及牛奶的产量及其在畜牧业产品总产量中的比重来分析各自的效率优势，因此畜产品效率优势又可称为产量优势。

（一）猪肉效率比较优势分析

猪肉是中国居民消费量最大的肉类产品，对改善居民膳食结构和提高居民健康水平具有重要的作用，就吉林省而言，猪肉消费占居民肉类消费的比重近60%。2004—2017年十四年间，吉林省猪肉产量在肉类总产量中的平均比重接近50%，在所有畜产品产量中的比重平均也超过了30%。吉林省猪肉产量在十四年间增长幅度很大，2004年猪肉产量98.5万吨，2017年136.1万吨，增长了38%。

从表4-10的效率优势指数看，吉林省猪肉的产量优势指数平均值为0.88，并且纵向表现出逐年递增的态势。2004年吉林省猪肉产量优势指数为0.7，2017年该指数为1.01。对比前面研究的吉林省生猪养殖规模优势指数发现，吉林省生猪的规模优势指数和产量优势指数变动情况几乎完全一致，十四年间都呈现出逐年递增的趋势，说明猪肉产量随着生猪养殖数量的增加而增加。另外，吉林省猪肉产量优势指数高于生猪养殖规模优势指数（0.64）。尽管如此，作为吉林省占比最高的肉类产品，吉林省猪肉产量仍然表现出比较劣势。

（二）牛肉效率比较优势分析

牛肉含有丰富的蛋白质，氨基酸，其组成比猪肉更接近人体需要，能改善人体健康状况。因此，随着人民生活水平的提高和健康意识的增强，牛肉消费在居民消费结构中的比重越来越高。吉林省肉牛养殖在全国占有重要地位，是牛肉生产大省，但是，由于肉牛饲养成本提高，牛肉市场价格不断攀升导致消费者购买力不足等问题，2010年更是出现了肉牛养殖小区荒芜、养殖户大量减少的现象，吉林省肉牛养殖数量和牛肉产量出现了下降的趋势①。

---

① 张越杰、田露：《中国肉牛生产区域变动及其影响因素分析》，《中国畜牧杂志》2010年第6期。

从牛肉效率优势指数看，吉林省牛肉产量优势明显，平均优势指数2.61。同一时间内牛养殖规模优势指数十年平均值为1.4，可以看出，吉林省牛肉产量优势指数远高于规模优势指数，说明吉林省牛肉生产效率较高。从纵向看，吉林省牛肉产量表现出波动频繁、整体下降的态势，2004年牛肉产量优势指数为2.7，2017年该指数为2.41。不仅如此，2004—2017年吉林省牛肉产量在肉类总产量中的比重平均为18.26%，而且该比重表现出了下降的趋势，这说明吉林省牛肉生产虽然仍然具有优势地位，但在全国的优势地位下降了。

（三）羊肉效率比较优势分析

羊肉生产是中国畜牧业发展的重要方面，在肉类总产量和畜牧业总产值中的比重不断提高。2017年，羊肉产量占肉类总产量的4.03%，肉羊产值占畜牧业总产值的6.65%，由于自然资源迥异，民族风俗习惯和饮食特点各不相同，中国肉羊养殖和羊肉生产主要集中在内蒙古、新疆、甘肃、青海等省份，山东和四川等牧业发达的省份羊肉生产在全国也占有重要地位。在吉林省内，同其他几种肉类产品相比，吉林省羊肉生产是劣势最大、比重最小的。2004—2017年吉林省羊肉产量在肉类总产量中的平均比重只有1.69%，而全国羊肉产量在肉类总产量中的比重为4%左右。2004年吉林省羊肉产量4万吨，2017年为4.9万吨，仅增长了2.25%。2004年全国羊肉产量332.92万吨，2017年为471.1万吨，增长了41.51%。可以看出，吉林省羊肉生产在全国不仅处于劣势，而且发展速度滞后于全国平均速度。

从效率优势指数看，吉林省羊肉产量优势指数平均值为0.39，是所有畜产品中产量优势指数最低的。纵向看，吉林省羊肉产量优势指数虽有波动，但波动幅度不大，同规模优势指数进行对比发现，2008年以前吉林省羊肉产量优势指数波动趋势同羊养殖规模优势波动趋势一致，2008年以后二者波动趋势相反。吉林省羊肉产量优势指数低于养殖规模优势指数，也说明吉林省羊肉生产效率较低。总体来说，吉林省羊肉生产处于劣势地位，且羊养殖规模和羊肉产量逐渐减少。

（四）禽肉效率比较优势分析

禽肉主要包括鸡肉、鸭肉、鹅肉等，目前中国市场上较多的是鸡肉。禽肉是人民生活消费的主要肉类之一，在中国居民的肉类消费中，消费量仅次于猪肉。禽肉生产在畜产品生产中也占有重要地位。2017 年，中国禽肉产量 1981.7 万吨，在肉类总产量中占比 22.9%，比重仅次于猪肉。2017 年吉林省禽肉产量 75.2 万吨，在全国位居第 11 名。虽然排名比较靠前，但同禽肉产量最高的山东省相比仍然有很大差距。从禽肉的效率优势指数看，吉林省禽肉产量的优势比较明显，平均优势指数为 1.65，仅次于牛肉的产量优势指数。与前面的禽类规模优势指数对比看，平均的产量优势指数大于平均的规模优势指数 1，说明吉林省禽肉生产效率高于全国平均水平。但从纵向看，吉林省禽肉的产量优势指数整体下降，从 2004 年的 2.01 下降到 2017 年的 1.53。总体来说，吉林省禽肉生产在全国地位比较靠前，但养殖规模在过去十年内逐渐缩小，虽然目前产量在全国仍然具有比较优势，但比较优势的程度却减弱了。

（五）牛奶效率比较优势分析

吉林省奶业 90% 以上是牛奶，2017 吉林省牛奶产量 34 万吨。2017 年吉林省牛奶产量在全国居第十九位，与内蒙古自治区的牛奶产量 552.9 万吨差距巨大，仅为内蒙古自治区牛奶产量的 6.15%。从产量优势指数看，吉林省牛奶产量的劣势明显，平均指数仅为 0.46，在畜产品中仅高于羊肉。对比前面分析的吉林省奶牛养殖规模优势，发现吉林省牛奶产量在全国的名次落后于奶牛存栏量，产量优势指数也低于奶牛规模优势指数 0.50。虽然纵向看，吉林省牛奶产量优势指数呈上升趋势，2017 年该指数（0.45）比 2004 年有所提高，牛奶生产仍然效率较低，产量也处于较低水平。这种现象固然与地区自然资源状况和居民饮食习惯有很大关系，但吉林省奶牛养殖布局不合理，奶制品加工企业规模较小、加工能力弱等因素也是造成吉林省奶业缺乏竞争力的重要原因[①]。

① 杨子刚、郭庆海：《吉林省奶业发展现状与战略布局研究》，《中国畜牧杂志》2011 年第 4 期。

三　主要畜产品综合比较优势测算

根据以上部分计算的吉林省畜产品规模优势指数和产量优势指数，得出了吉林省各种畜产品的综合比较优势指数。从表4－10中可以看出，吉林省具有综合比较优势的畜产品有牛肉和禽肉。牛肉的综合比较优势最高，十四年平均值为1.91，禽肉综合比较优势指数平均为1.28；猪肉、羊肉和牛奶都表现出综合比较劣势，平均的综合比较优势指数分别为0.75、0.42和0.48。

纵向看，吉林省牛肉和禽肉虽然综合比较优势明显，但二者的综合比较优势指数从2008年以来都表现出下降的态势。猪肉虽然表现出综合劣势，但2004年以来综合优势指数不断提高，羊肉综合比较优势有小幅波动，一直处于低位水平，牛奶综合比较优势指数波动频繁，但2017年的优势略高于2004年。

四　主要畜产品比较优势的横向比较

主要优势畜产品在四省的分布有所不同，生猪养殖四省都表现出综合比较劣势，内蒙古自治区比较劣势最大；肉牛养殖吉林省、辽宁省和内蒙古自治区具有综合比较优势，吉林省优势最大，辽宁省具有微弱的综合比较劣势；但从绝对数量看，吉林省肉牛养殖规模低于内蒙古。2017年吉林省肉牛年末存栏量322万头，内蒙古自治区则为522.5万头。牛奶生产黑龙江省和内蒙古具有综合比较优势，吉林省具有比较劣势，且劣势在四省份中最大。

表4－16　　2017年吉林省主要畜产品比较优势指数的横向比较

地区	猪	肉牛	奶牛	羊	禽
规模优势指数（SAI）					
黑龙江	0.75	1.27	2.67	0.64	0.65
辽宁	0.90	0.89	0.78	0.80	2.09

续表

地区	猪	肉牛	奶牛	羊	禽
内蒙古	0. 20	1. 39	2. 00	3. 54	0. 13
吉林	0. 71	1. 67	0. 45	0. 46	0. 90
效率优势指数（EAI）					
黑龙江	0. 47	1. 11	2. 47	0. 44	0. 35
辽宁	0. 94	0. 92	0. 91	0. 34	1. 52
内蒙古	0. 19	1. 34	2. 60	3. 16	0. 14
吉林	1. 01	2. 41	0. 45	0. 42	1. 53
综合优势指数（MAAI）					
黑龙江	0. 59	1. 19	2. 57	0. 53	0. 48
辽宁	0. 92	0. 90	0. 84	0. 52	1. 78
内蒙古	0. 19	1. 36	2. 28	3. 34	0. 13
吉林	0. 85	2. 01	0. 45	0. 44	1. 17

资料来源：《中国畜牧兽医年鉴》（2018 年）。

羊肉生产内蒙古优势最为明显，其余三省均具有明显的比较劣势，吉林省劣势最大；禽肉生产辽宁省和吉林市具有综合比较优势，黑龙江省和内蒙古具有综合比较劣势，内蒙古劣势最大，十分显著。总体来看，吉林省同其他三省相比，牛奶和羊肉生产劣势最大，两种畜产品的规模劣势、效率劣势和综合劣势都十分突出，而牛肉生产的规模、效率和综合优势都是最大的。不论是同全国平均水平相比，还是同其他三省相比，吉林省肉牛和肉禽养殖优势都比较突出，而牛奶和羊肉生产劣势突出。

第四节 本章小结

本章用综合比较优势指数法分析了吉林省水稻、玉米、大豆、油料作物、糖料作物、烤烟、蔬菜、水果等种植业产品的规模比较优势、效率比较优势和效益比较优势，还测算了吉林省猪、牛、羊、禽肉及牛奶的综合比较优势、规模比较优势和效率比较优势。得出的结论如下：

种植业中，综合比较优势从大到小排序是玉米 > 大豆 > 烤烟 > 水稻 > 油料 > 蔬菜 > 水果 > 糖料，其中玉米、大豆和烤烟是具有综合比较优势的产品。吉林省玉米具有较强的规模优势、微弱的效率劣势，具备效益劣势，因此吉林省玉米综合比较优势主要来自规模优势；大豆的规模、效率、效益优势指数均大于 1，分别为 1.4、1.02 和 1.14；烤烟具有综合比较优势，规模劣势明显，但具备效率优势和效益优势；水稻、油料、蔬菜、水果和糖料表现出综合比较劣势，水稻具有一般的规模劣势、微弱的效率（单产）劣势，具备效益优势；油料作物具有规模劣势、效率优势、综合比较劣势；蔬菜规模、效益表现出劣势，具备效率优势；水果种植规模劣势和效益劣势都比较明显，效率具备微弱优势；糖料作物规模、效率、效益劣势都非常显著。

畜牧业中，综合比较优势从大到小排序是牛肉 > 禽肉 > 猪肉 > 牛奶 > 羊肉，其中牛肉和禽肉具有综合比较优势，其余畜产品具有综合比较劣势。吉林省牛肉综合比较优势程度最高，规模优势和效率优势都比较明显，产量优势大于规模优势；禽肉生产同时具备规模优势和效率优势，效率优势大于规模优势；猪肉表现出规模劣势和效率劣势，效率劣势小于规模劣势；牛奶综合劣势、效率劣势大于规模劣势；羊肉生产规模劣势和效率劣势并存，效率劣势大于规模劣势。

比较优势是农业结构调整的一个重要依据，但农业结构调整不仅要考虑各种产品的比较优势，也要考虑到各个地区的自然资源状况，同时还要兼顾各种产品的市场供需状况，使农业结构调整根据实际和预期的需求来进行，在保证粮食安全和农产品供应充足的基础上，使农产品的品种和质量真正契合消费者需要，才能使农业结构实现合理化和优化。

第五章　吉林省主要农产品比较优势的区域差异分析

第四章分析了吉林省各种农产品的比较优势，并分析了各种产品规模优势、效率优势、效益优势的差别。综合比较优势指数法非常适合于分析一个区域内部不同地区间各种产品的优势和劣势情况，为了更加合理地判断如何在吉林省内不同地区间进行农业结构的调整和农产品布局，测算不同农产品在省内各个地区间的优势差异情况是十分必要的。因此，按照吉林省的行政区划，这一章分别测算吉林省 9 个地级市不同农产品的比较优势，分别是长春市、吉林市、四平市、辽源市、通化市、白山市、白城市、松原市和延边自治州。

第一节　主要种植业产品比较优势的区域差异分析

吉林省种植业以粮食作物为主，2017 年，水稻、玉米、大豆三种粮食作物种植面积比重占到了所有农作物种植面积的 80% 以上，经济作物在吉林省农作物种植中所占比重较小。由于吉林省东、中、西地理环境、土壤肥力、水资源状况等差别较大，种植业产品分布在不同地区间也有很大差异。这部分主要分析吉林省不同农产品在省内的分布情况，并分析这些产品区域间的比较优势差异。表 5－1 测算了 2017 年吉林省各个地区各种农作物的规模优势指数、效率优势指数和综合优势指数。

一　主要种植业产品规模比较优势的区域差异

这部分除了分析各地区农作物种植的比较优势状况外，还分析其绝对优势地位，分析绝对优势时，将该地区各种农产品的经济指标同9个地级市该指标平均值对比，例如，如果某个地区水稻种植面积和9个地级市水稻种植平均面积的比值是1，则既不具备绝对优势也不具备绝对劣势，如果大于1则具备绝对优势，如果小于1则具备绝对劣势。农作物种植对自然资源禀赋的依赖程度较高，各地区农作物种植的品种除了要依托于本地区的自然资源状况外，也有一定的历史沿袭性。

（一）水稻规模优势分析

水稻是吉林省的第二大粮食作物，虽然其种植面积不及玉米，却是居民主食消费的主要来源。吉林省水稻2017年种植面积为820.8千公顷，主要分布在长春、吉林、白城、松原和通化等市，四平市、延边州、辽源市和白山市4个地级市水稻种植面积较小。

表5－1　**吉林省各地区主要种植业产品的比较优势指数分析**

地区	水稻	玉米	大豆	油料	烟叶	蔬菜	水果
2017年各地区规模优势指数							
长春	1.08	1.13	0.43	0.27	0.59	1.01	0.64
吉林	1.63	1.04	1.12	0.05	0.59	0.92	0.31
四平	0.43	1.29	0.38	0.05	0	1.15	0.62
辽源	0.61	1.29	0.35	0	0	0.71	0.13
松原	0.7	0.9	0.21	3.25	0	0.84	1.75
白城	1.37	0.7	0.17	1.29	0.67	0.68	1.71
通化	2	0.93	0.53	0.04	6.63	1.99	1.09
延边	0.69	0.73	8.81	0.52	5.41	1.13	3.66
白山	0.09	0.68	8.38	1.28	2.24	2.58	2.18

续表

地区	水稻	玉米	大豆	油料	烟叶	蔬菜	水果
2017 年各地区效率优势指数							
长春	1.01	1.07	1.34	0.95	1	1	1
吉林	0.85	0.9	1.33	1.02	1	1.06	1
四平	1.15	1.18	0.63	0.99	0	1.13	1.57
辽源	0.92	0.92	0.99	0.83	0	1.05	1
松原	1.13	1.05	1.02	1.02	0	0.98	1.13
白城	1.06	0.76	0.57	0.95	1	0.92	1
通化	0.97	0.82	0.86	0.65	1	1.05	1
延边	0.79	0.7	0.93	0.99	1	1.05	0.77
白山	0.9	0.91	0.98	0.98	1	1.04	1
2017 年各地区综合优势指数							
长春	1.04	1.1	0.76	0.51	0.77	1	0.8
吉林	1.18	0.96	1.22	0.22	0.77	0.99	0.56
四平	0.7	1.23	0.49	0.22	0	1.14	0.99
辽源	0.75	1.09	0.59	0.06	0	0.86	0.36
松原	0.89	0.97	0.46	1.82	0	0.9	1.41
白城	1.2	0.73	0.31	1.11	0.82	0.79	1.31
通化	1.39	0.88	0.68	0.16	2.57	1.44	1.05
延边	0.74	0.72	2.86	0.72	2.32	1.09	1.68
白山	0.29	0.79	2.86	1.12	1.5	1.64	1.48

资料来源：《吉林统计年鉴》（2010—2014 年），9 个地级市统计年鉴（2010—2014 年）。

从水稻种植的绝对规模看，吉林省 9 个地级市的排名从前到后依次是长春、吉林、白城、松原、通化、四平、延边州、辽源和白山，其中前 4 名的地级市具有绝对优势，后 5 个地级市具有绝对劣势。从水稻的规模优势指数看，从高到低依次是通化、吉林、白城、长春、松原、延边、辽源、四平、白山，其中通化、吉林、白城、长春 4 个地级市具有规模比较优势，规模比较优势指数均大于 1，其余 5 个地级市规模优势指数都小于1，具有规模比较劣势。通化市的水稻种植规模优势指数最高，2017年的指数为2，吉林市为1.63。

具有规模比较劣势的5个地区中，松原劣势最小，规模优势指数为0.7，延边州规模优势指数均值为0.69，辽源市规模优势指数均为0.61，四平市为0.43。白山水稻种植规模劣势最明显，规模优势指数仅为0.09，白山市水稻种植绝对劣势也十分显著，水稻种植面积是9个地级市平均值的0.92%。

（二）玉米规模优势分析

玉米是吉林省第一大粮食作物，在农作物种植总面积中的比重最高。2017年吉林省9个地级市玉米种植面积平均为46.27万公顷，其中长春市、吉林市、四平市、松原市和白城市的玉米种植面积较大。

从玉米种植的规模优势指数看，规模优势最大的是四平市和辽源市，2017年两市规模优势指数相等，为1.29。四平市玉米种植面积占该地区农作物种植总面积的88%，是吉林省9个地级市平均玉米种植面积的1.75倍，因此，四平市玉米种植既具有绝对优势，又具有比较优势。辽源市玉米种植不具备绝对优势，玉米种植面积不足吉林省9个地级市平均值的50%。辽源市玉米规模优势明显的原因主要是该地区农作物总种植面积较小，而玉米种植面积所占比重平均达到了88%。

规模优势指数排在第三位的为长春市，规模优势指数1.13。长春市玉米种植面积在吉林省9个地级市中排在第一位，其玉米种植面积是吉林省9个地级市5年平均玉米种植面积的2.2倍，且在该地区农作物种植总面积中所占比重为77%，因此，长春市玉米种植既具有绝对优势，也具有比较优势。吉林市玉米种植也表现出规模优势，规模优势指数为1.04，具有微弱优势。吉林市玉米种植面积占其农作物种植总面积的71%，是吉林省9个地级市5年平均面积的1.06倍，因此，吉林市玉米种植也是同时具备绝对优势和比较优势。

松原市玉米种植规模优势指数0.9，种植面积占其农作物种植总面积的比重为61%，是9个地级市玉米种植平均面积的1.73倍，具备绝对优势，但缺乏比较优势。通化市规模优势指数为0.93，玉米种植面积

占其农作物播种总面积的比重是64%，是9个地级市平均种植面积的44%，同时具备绝对劣势和比较劣势。白山市玉米规模优势指数为0.68，玉米种植面积是30692公顷，是9个地级市平均值的6.63%，绝对劣势十分明显，同时具备绝对劣势和比较劣势。白城市玉米种植规模优势指数为0.70，其玉米种植面积是9个地级市平均值的88%，具备绝对劣势和比较劣势。延边州规模优势指数为0.73，玉米种植面积是9个地级市平均面积的39%，也是同时具备绝对劣势和比较劣势。

总体上，从玉米种植规模的绝对数量上，吉林省9个地级市从大到小排名依次是长春市、四平市、松原市、吉林市、白城市、辽源市、通化市、延边州、白山市。从玉米种植的规模优势上，按优势从大到小排列依次是四平市、辽源市、长春市、吉林市、通化市、松原市、延边州、白城市、白山市。

（三）大豆规模优势分析

吉林省是中国大豆主产区之一，但是，近年来大豆种植面积却逐年下降。2009—2013年，吉林省大豆种植平均面积为312.71千公顷，2014—2017年大豆种植面积年均为203.33千公顷。从吉林省内不同地区看，大豆种植主要分布在东部地区，延边州大豆种植面积最大，2017年为114508公顷，占全省种植的一半以上；白山大豆种植20003公顷；通化市大豆种植2009—2013年平均为15284公顷，但经历了大幅度的下降，2017年仅为6220公顷。中部的吉林市、长春市和四平市大豆种植面积也较为广泛，吉林市大豆种植面积2017年为27896公顷；长春大豆种植面积20557公顷；四平市为12708公顷。西部地区大豆种植面积较小，2017年松原市大豆种植面积9831公顷，白城市为5349公顷，相对于2009—2013年大豆种植面积下降幅度也较大。总体来看，吉林市不同地区大豆种植面积均出现不同程度的下降，且与水稻和玉米的种植相比，吉林省大豆种植相对比较集中，排在前两位的延边州和吉林市大豆种植面积占吉林省的比重达到了65%。

从大豆种植的规模优势看，优势最大的是延边州，五年平均的规模优势指数为8.81，大豆种植面积是9个地级市平均数的4.7倍，具有绝对优势和比较优势。规模优势指数排在第二位的是白山市，规模优势指数 8.38，白山市大豆种植面积是 9 个地级市平均值的 82%，具有绝对劣势和比较优势。比较规模优势排在第三位的是吉林市，规模优势指数 1.12，同时具备绝对优势和比较优势。

除了上述 3 个地级市外，其余 6 个地级市大豆种植均表现出规模劣势。规模劣势最小的是通化市，规模优势指数为 0.53，同时具备绝对劣势和比较劣势。中部地区的长春市、四平市和辽源市大豆规模优势指数分别为 0.43、0.38、0.35，3 市大豆种植面积均低于 9 个地级市平均水平，同时具有绝对劣势和比较劣势。西部地区的松原市和白城市大豆种植规模优势指数分别为 0.21 和 0.17，同时具备绝对劣势和比较劣势。

总体来看，吉林省 9 个地级市大豆种植按绝对优势从大到小排列依次为延边州、吉林市、长春市、白山市、四平市、通化市、松原市、白城市、辽源市。按照比较优势从大到小排列依次为延边州、白山市、吉林市、通化市、长春市、四平市、辽源市、松原市、白城市。

（四）油料作物规模优势分析

吉林省油料作物种植面积不大，2014—2017 年在农作物种植总面积中所占的比重为 5% 左右，主要有花生、向日葵籽和芝麻。吉林省油料作物种植非常集中，主要在西部的松原市和白城市，2017 年两地油料作物种植面积占吉林省油料面积的比重超过了 80%。松原市油料种植面积 285965 公顷，白城市 2017 年油料种植面积有了较大幅度的下降，仅为 74404 公顷，远低于 2009—2013 年平均 123672 公顷的面积水平。两地区规模优势指数分别为 3.25 和 1.29，且种植面积均超过平均面积，具有绝对优势。

中部四市长春市种植面积也较高，2017 年为 24088 公顷，其余三市有少量种植。但四市规模优势指数均小于 1，种植面积也低于 9 地区平均水平，不具备绝对优势。

东部地区延边州种植面积在 2017 年有较大增长，为 12574 公顷，高于 2009—2013 年均 5228 公顷的水平，但不及 9 个地级市平均面积水平，具有绝对劣势。白山市和通化市有少量种植，但同时具有绝对劣势，白

山市油料种植规模优势指数大于1，为1.28。

（五）烟叶规模优势分析

烟叶并不是吉林省主要农作物，2004—2013年十年间在吉林省农作物种植总面积中的比重为0.44%，2014—2017年占作物总面积的0.5%左右，主要包括烤烟和晒烟。

从比较优势看，东部地区烟叶种植规模优势比较突出。通化市、延边州、白山市规模优势指数分别为6.63、5.41和2.24。从种植面积看，三市烟叶种植占全省的比重超过了70%，延边州和通化市超过了9个地级市平均面积，具有绝对优势，白山市烟叶种植面积较小，具有绝对劣势。

中部地区只有长春市和吉林市有烟叶种植，但都不具备比较优势。2017年长春市烟叶种植807公顷，面积较小。长春市烟叶种植经历了下降的趋势，2009—2013年长春市烟叶种植具有规模比较优势，平均的规模优势指数是1.63，且烟叶种植面积最广，平均种植面积是9024公顷，是9个地级市平均水平的3.48倍，具有绝对优势。

除了上述4个地级市外，其余5个地级市烟叶种植规模均表现出比较劣势的特征。白城市劣势最小，平均规模优势指数为0.94，具有微弱的比较劣势。吉林、四平、松原的烟叶种植规模比较劣势都比较明显，平均的规模优势指数分别为0.39、0.01和0.12。辽源市没有烟叶种植。2017年松原市未种植烟叶，白城市有少量种植，为602公顷。

（六）蔬菜规模优势分析

2009—2013年五年间吉林省蔬菜种植面积平均为233.36千公顷，占农作物总种植面积的4.45%，2014—2017年蔬菜种植面积下降，平均为173.7千公顷，在作物种植中的比重也下降到3.05%。与其他经济作物相比，吉林省蔬菜种植地区分布相对比较分散。从不同地区看，蔬菜种植主要分布于中部的长春市、四平市和西部的松原市。

从比较优势指数看，东部地区蔬菜种植均表现出规模优势。白山市蔬菜种植比较优势最大，为2.58，通化市和延边州分别为1.99和1.13。从种植面积看，三市种植面积均低于9个地级市平均水平，表现出绝对劣势。

中部的长春市和四平市蔬菜种植规模优势指数分别为 1.01 和 1.15，具有比较优势。长春市 2017 年蔬菜种植 18085 公顷，排名最为靠前，具有绝对优势。四平市种植面积 14280 公顷，具有绝对优势和比较优势。吉林市和辽源市蔬菜种植既不具备绝对优势，也不具备比较优势，尤其是辽源市，劣势更大。

西部的松原市和白城市规模优势指数分别为 0.84 和 0.68，松原市种植面积 14900 公顷，在 9 个地级市中仅低于长春市，具有绝对优势。白城市种植面积 7929 公顷，略低于 9 个地级市平均面积。

（七）水果规模优势分析

2009—2013 年五年间吉林省水果种植面积平均为 55.68 千公顷，占所有农作物种植面积的比重平约为 1.2%。2014—2017 年水果种植面积下降，平均为 41.52 千公顷，在作物种植面积中的比重降为 0.73%。2009—2013 年吉林市果园面积最广，5 年平均为 12035 公顷，是 9 个地级市平均果园面积的 1.94 倍，绝对优势明显。同期松原市和长春市果园面积也具有绝对优势，5 年平均的果园面积分别为 8490 公顷和 8349 公顷，分别是 9 个地级市平均水平的 1.37 倍和 1.34 倍。2017 年吉林省果园区域分布发生从中向东的转移，松原市和白城市成为果园面积最大的两个地区，分别为 7020 公顷和 4481 公顷，两市规模优势指数分别为 1.75 和 1.71。

东部 3 市水果均显示规模优势，通化、延边和白山指数分别为 1.09、3.66 和 2.18。其中延边州水果种植 4019 公顷，高于 9 个地级市平均值，具有绝对优势。通化市和白山市水果种植面积低于平均值，具有绝对劣势。

中部四市瓜果种植面积均不具备比较优势，长春市略高于 9 个地级市平均值，具有绝对优势，其余 3 市都表现出绝对劣势。

总体来看，吉林省 9 个地级市果园面积绝对优势从大到小排列依次是松原市、白城市、延边州、长春市、四平市、通化市、吉林市、白山市、辽源市。按照比较优势从大到小排列依次是延边州、白山市、松原

市、白城市、通化市、辽源市、长春市、四平市、吉林市、辽源市。

二 主要种植业产品效率比较优势的区域差异

（一）水稻效率优势分析

吉林省水稻单产水平同全国平均水平相比具有绝对优势，2014—2017年吉林省水稻单产8214千克/公顷。从不同地区看，四平市水稻单产水平最高，2017年9612千克/公顷，松原市水稻单产紧随其后，为9420千克/公顷，这两个地区水稻单产都超过了9个地级市平均水稻单产，具有绝对优势。白城市和长春市水稻单产也超过了平均水平，具有绝对优势，其余地区水稻单产水平都具有绝对劣势。延边州水稻单产水平最低，仅为6615千克/公顷。

从效率比较优势指数看，西部地区的松原市和白城市水稻单产具有效率比较优势，效率优势指数平均分别为1.13和1.06。中部地区的长春市和四平市也具有效率比较优势，优势指数分别为1.01和1.15。东部地区的通化市、延边州和白山市都不具备效率比较优势，优势指数分别为0.97、0.79和0.9，根据以上分析可知，东部3个地级市也不具备绝对优势。

总体来看，2017年吉林省9个地级市水稻单产绝对优势从大到小排列依次是四平市、松原市、白城市、长春市、通化市、辽源市、白山市、吉林市、延边州。按照比较优势从大到小排列依次是四平市、松原市、白城市、长春市、通化市、辽源市、白山市、吉林市、延边州。

（二）玉米效率优势分析

和水稻一样，吉林省玉米单产高于全国平均水平，但不具有比较优势，2014—2017年水稻单产平均为7583千克/公顷。从省内看，中部地区四市除吉林市外，其余3市玉米单产均高于全省平均水平。其中四平市玉米单产水平最高，2017年为9186千克/公顷，是全省平均玉米单产的1.27倍，长春市玉米单产8392千克/公顷，是平均水平的1.16倍。

西部地区松原市玉米单产8219千克/公顷，是全省平均水平的1.14倍，白城市玉米单产较低，仅为5902千克/公顷，是平均水平的82%。

东部地区是玉米生产非优势区，三市玉米单产均低于 9 个地级市平均水平。通化市玉米单产 6437 千克/公顷，是平均水平的 89%。白山市玉米单产 7082 千克/公顷，略低于平均水平。延边州玉米单产 5466 千克/公顷，仅为平均水平的 76%。

从效率比较优势看，中部地区的长春市和四平市表现出效率比较优势，指数分别为 1.07 和 1.18。西部地区的松原市表现出效率比较优势，指数为 1.05，其余地区均现实效率比较劣势。玉米生产效率比较优势和绝对优势的区域分布基本一致。

（三）大豆效率优势分析

吉林省是传统的大豆主产区之一，2014—2017 年吉林省大豆单产高于全国大豆平均单产。从不同地区看，2017 年长春市、吉林市、辽源市和松原市大豆单产超过了吉林省平均水平。大豆单产水平最高的是长春市，为 3056 千克/公顷。从纵向看，各地区大豆单产均呈现不同程度的下降。2009—2013 年，长春市、四平市、松原市平均大豆单产分别为 3533 千克/公顷、3438 千克/公顷、3380 千克/公顷，均高出 2017 年的水平。种植面积最广的延边州大豆单产 2118 千克/公顷，略低于吉林省大豆平均单产。

从效率优势指数看，中部长春市、吉林市，西部松原市 3 个地级市大豆优势指数大于 1，其余 6 个市效率比较优势指数均小于 1。东部 3 个地级市大豆单产呈现较弱的比较劣势，而西部的白城市大豆效率优势指数为 0.57，劣势最为显著。总体来看，大豆生产绝对优势和比较优势的区域分布比较一致。

（四）油料作物效率优势分析

吉林省油料作物单产同全国平均单产相比，同时具备绝对优势和比较优势。吉林省油料作物单产呈现增长态势，2009—2013 年，吉林省油料作物平均单产为 2661 千克/公顷，2014—2017 年，油料作物单产平均为 2871 千克/公顷。从省内看，吉林省油料作物种植主要分布于西部的松原市和白城市，2017 年两市单产分别为 3200 千克/公顷和 2995 千克/公顷，均高于 9 个地级市平均单产。中部长春市、吉林市和四平市单产

也高于平均单产，其中吉林市单产较高，为3197千克/公顷，和松原市接近。东部的延边州和白山市单产也略高于平均单产，但通化市单产低于平均水平，具有绝对劣势。

从比较优势指数看，吉林市和松原市具有比较优势，指数均为1.02。中部的长春市、四平市，西部的白城市，东部的延边州和白山市具有微弱的比较劣势。通化市比较劣势最大，指数为0.65。油料作物绝对优势和比较优势的区域分布一致程度较高。

（五）烟叶效率优势分析

2009—2013年，吉林省平均烟叶单产为3009千克/公顷，但2014—2017年单产仅为2601千克/公顷，呈下降趋势。从烟草单产的区域分布看，不同地区间的差异性并不高，围绕平均水平上下波动总体看东部通化市、延边州和白山市3地区和西部的白城市烟叶单产略高于平均水平，具有绝对优势。中部的长春市和吉林市略低于平均单产，有微弱的绝对劣势。其余地区没有烟叶种植。

从效率比较优势指数看，种植烟叶的6个地区效率优势指数均为1，既不具备优势也未体现出劣势。

（六）蔬菜效率优势分析

相对于其他农作物，蔬菜单产数量较高。2014—2017年吉林省平均蔬菜单产是42493千克/公顷。从区域分布看，2017年中部地区和东部地区蔬菜单产较高，中部除长春市外，其余3市单产水平均超过了9个地级市平均水平。其中四平市蔬菜单产最高，为48456千克/公顷。东部的3市（州）蔬菜单产也略微超过了平均单产，具有绝对优势，西部的松原市和白城的蔬菜单产低于平均水平，具有绝对劣势，其中白城市劣势最大，蔬菜单产仅为39723千克/公顷。

从效率比较优势指数看，中部的吉林市、四平市和辽源市，东部3市（州）均表现为比较优势，西部松原市和白城市表现为比较劣势，蔬菜生产绝对优势和比较优势区域分布一致性较高。

（七）水果效率优势分析

吉林省水果种植面积不及油料作物和蔬菜，2009—2013年单产水平

19420千克/公顷，同全国相比具有微弱的优势，但2013年后优势逐渐下降，2014—2017年单产10610千克/公顷，低于全国平均水平。9个地级市中西部的松原市和中部的四平市平均水果单产数量超过了全省平均水平，具有绝对优势，其余地区水果单产低于全省平均水平，具有绝对劣势。

从效率比较优势指数看，西部松原市和白城市，东部的通化市、延边州和白山市均表现为比较优势，中部四市表现为比较劣势。

三 主要种植业产品综合比较优势的区域差异

（一）水稻综合比较优势分析

从表5-1可以看出，吉林省9个地级市中通化市、长春市、吉林市、白城市三个地区的水稻具有综合比较优势，其余5个地区具有综合比较劣势。通化市水稻综合优势指数最高，为1.39，其水稻综合比较优势主要来自规模优势，其规模优势指数为2，效率优势指数为0.97。吉林市水稻综合优势指数为1.18，规模优势指数1.63，效率优势指数0.85。白城市水稻综合优势指数1.2，规模优势指数为1.37，效率优势指数1.06。

（二）玉米综合比较优势分析

吉林省9个地级市中，长春市、四平市、辽源市玉米具有综合比较优势。四平市的玉米种植综合比较优势指数最高，为1.23，规模优势指数为1.29，效率优势指数为1.18。长春市玉米综合优势指数为1.1，规模优势指数为1.13，效率优势指数为1.07。辽源市玉米综合优势指数1.09，规模优势指数为1.29，效率优势指数0.92。

吉林市、松原市、白山市、通化市、白城市和延边州玉米均表现出综合比较劣势的特征，东部地区综合比较劣势大于西部地区。

整体来看，吉林省9个地级市玉米种植优势情况可分为三类：第一类是中部的长春市、四平市、辽源市都是具有规模优势，效率优势与全省平均水平持平，具有综合优势。这类地区应该加强玉米生产能力建设，提高单位面积产出。同时由于中部地区水资源利用率较高，应加强农田

水利建设，提高农业供水能力。第二类是吉林市、松原市、通化市，玉米种植面积比较广泛，三个指数均与全省平均水平持平，综合表现出微弱的劣势。第三类是白山市、延边州和白城市，东部的白山和延边州玉米种植面积较小，白城玉米种植面积较大，共同特征是规模优势指数较低，效率优势指数较高。

（三）大豆综合比较优势分析

大豆种植具有综合比较优势的地区包括：延边州，综合优势指数2.86；白山市，综合优势指数2.86；吉林市，综合优势指数1.22。其余地区的综合比较劣势都较为明显，劣势最大的白城市，综合优势指数仅为0.31。

（四）油料作物综合比较优势分析

从综合比较优势指数看，9个地级市中，只有西部的松原市和白城市，东部的白山市具有综合比较优势，其余地区都表现出综合劣势的特征。松原市油料作物规模和效率都具有优势，规模优势较大。白城市规模优势较强，单产表现出微弱劣势，综合优势。长春市、吉林市、四平市和通化市四个地区都是规模劣势较强，表现出综合劣势的特征。延边州油料种植既不具备规模优势，也不具备效率优势，但效率劣势的程度小于规模劣势，综合优势指数也小于1。

（五）烟叶综合比较优势分析

吉林省9个地级市中，东部地区通化市、延边州和白山市烟叶种植表现出综合比较优势的特点，其余几个地区综合比较优势指数小于1，处于劣势。三市（州）烟叶共同的特点就是规模优势突出，是吉林市烟叶种植集中区，单产效率及不具备优势也为表现出劣势。

其余地区中，白城市综合劣势最小，综合优势指数为0.82，主要来源于其规模劣势，单产效率和9个地级市平均水平持平。吉林市烟叶也是三种指数都小于1，规模劣势最大。

（六）蔬菜综合比较优势分析

吉林市蔬菜种植比较优势区发生了一定的空间转移。2009—2013年9个地级市中，白山市、吉林市、长春市三个地区具有综合比较优势，优势地区集中在中部。2017 年东部地区通化市、延边州和白山市表现出较强的比较优势，中部四平市具备综合比较优势，长春市和吉林市综合比较优势指数分别为 1 和 0.99，基本不具备比较优势，也为表现出劣势。

西部的松原市和白城市表现为综合比较劣势，指数分别为 0.9 和 0.79。两个地区共同的特征是蔬菜种植同时具有规模劣势和效率劣势，效率劣势较小。

（七）水果综合比较优势分析

9 个地级市中，东部三市（州）和西部两市具有综合比较优势，中部地区则表现为综合比较劣势。延边州水果生产综合比较优势最大，指数为 1.68，主要来自规模优势。通化市和白山市与延边州情况类似，主要具备瓜果种植的规模比较优势。延边州水果种植效率劣势比较明显，可以依据当地的自然资源状况，发展山地水果，如山梨、核桃、蓝莓等特色水果。西部的松原市和白城市综合比较优势指数分别为 1.41 和 1.31，主要来自规模比较优势。

相对于 2009—2013 年，吉林市水果种植比较优势也发生了一定的区域分布变化。2009—2013 年中部吉林市和长春市水果种植面积都比较大，尤其是吉林市规模优势和效率优势都十分突出，然而 2017 年中部地区的比较优势却逐渐丧失。

第二节　主要畜产品比较优势的区域差异分析

和种植业不同，吉林省畜牧业区域分布明显表现出了东、中、西部优势不同的特点。中部地区肉猪生产和家禽生产优势明显，西部地区羊肉和牛奶生产优势突出，东部地区肉牛养殖和牛肉生产遥遥领先。这节主要分析吉林省 9 个地级市在畜牧业生产的优劣势。

一　主要畜产品规模比较优势的区域差异

（一）生猪养殖规模优势分析

吉林省9个地级市中，吉林市、四平市、白城市、通化市和白山市生猪养殖具有规模优势，但从生猪养殖的绝对数量看，绝对优势和比较优势存在一定偏离。2017年四平市生猪养殖数量在9个地级市中排名第一，为323.8万头，长春市紧随其后，生猪年末存栏数量为261.98万头，排在第三位的吉林市为109.16万头，3个地级市占全省生猪存栏数量的80%以上，是当之无愧的生猪养殖重点区域。而白城市、通化市、白山市生猪存栏数量占全省的比重分别为6%、4%和2%，并不具备绝对优势。这种偏离的原因是各地区畜牧业发展程度参差不齐，中部地区畜牧业相对更发达，生猪养殖在所有牲畜养殖中所占比重较小。延边州2017年生猪年末存栏17.37万头，具有绝对劣势和比较劣势。

表5－2　　　　吉林省各地区畜产品的比较优势指数分析

地区	猪	肉牛	羊	家禽	奶牛
2017年各地级市牲畜养殖规模优势指数					
长春	0.93	1.29	0.39	1.64	0.84
吉林	1.19	1.24	0.21	1.26	0.38
四平	1.35	1.17	0.64	0.96	0.40
辽源	0.81	1.49	0.41	1.06	0.23
松原	—	—	—	—	—
白城	1.27	0.37	5.63	0.49	12.12
通化	1.02	1.32	0.64	1.10	0.54
延边	0.50	1.75	0.88	0.30	0.20
白山	1.06	1.37	0.86	0.67	0.13
2017年各地级市畜产品效率优势指数					
长春	1.09	0.50	0.28	1.65	0.39
吉林	1.41	0.52	0.16	0.44	1.18
四平	1.50	0.51	0.79	0.70	2.43
辽源	1.32	1.02	0.34	0.72	0.21

续表

地区	猪	牛肉	羊	家禽	奶牛
松原	0.99	0.40	3.45	0.71	1.69
白城	0.72	0.07	1.97	0.15	15.88
通化	0.79	0.70	0.42	0.96	1.54
延边	0.58	1.21	1.52	0.34	0.45
白山	0.87	0.94	1.67	0.24	0.60
长春	1.01	0.80	0.33	1.65	0.57
吉林	1.30	0.80	0.18	0.75	0.67
四平	1.43	0.77	0.72	0.82	0.99
辽源	1.03	1.23	0.38	0.87	0.22
松原	1.26	0.63	1.86	0.84	1.30
白城	0.95	0.16	3.33	0.27	13.87
通化	1.14	0.96	0.52	1.03	0.91
延边	0.80	1.46	1.16	0.32	0.30
白山	1.28	1.14	1.20	0.40	0.28

资料来源：各地级市2018年统计年鉴。

总体来看，吉林省9个地级市生猪养殖规模按照绝对优势来看，中部地区优势最大，西部次之，东部最小。

（二）肉牛养殖规模优势分析

9个地级市中，中部四市和东部三市都具有规模比较优势。从绝对优势来看，长春、四平和吉林市排在前三位，三地区所占比重之和超过了80%。延边州的肉牛养殖数量为21.54万头，全省排名第四位。延边州的延边黄牛，是全国五大地方良种牛之一，在吉林省肉牛养殖中有着重要地位。辽源市、白城市和白山市肉牛养殖规模相对较小。

（三）羊养殖规模优势分析

吉林省羊养殖的区域性非常显著，西部的松原市和白城市养羊规模

具有比较优势，且优势较大，2017 年白城市羊养殖规模比较优势指数为 5.63。由于数据限制，未能测算 2017 年松原市的羊养殖规模优势指数，以前的研究中发现松原市 2009—2013 年平均的规模比较优势指数为 2.91。从绝对数量看，2017 年松原市和白城市的羊年末存栏量分别为 161.58 万只和 105.41 万只，两市占全省的比重为 62%。

东部地区的通化市、延边州和白山市具有一般的规模比较劣势，平均的规模优势指数分别为 0.64、0.88 和 0.86。3 个地级市 2017 年羊年末存栏数分别为 10.16 万只、13.54 万只、4.73 万只，绝对劣势显著。

中部地区的长春市、吉林市、四平市和辽源市比较规模劣势大，从绝对养殖数量看，四市 2017 年羊年末存栏量分别为 48.33 万只、8.37 万只、67.81 万只和 4.18 万只，长春市和四平市的绝对优势明显。

总体来看，吉林省羊养殖规模比较优势的分布特点是西部优势最大，东部次之，中部最小。

（四）家禽养殖规模优势分析

长春市和吉林市家禽养殖规模比较优势明显，规模比较优势指数分别为 1.64 和 1.26，从绝对数量看，2017 年长春市家禽年末存栏数量为 8024 万只，四平市家禽存栏规模为 4010.3 万只，吉林市家禽存栏数量为 2014.3 万只，3 个地级市具有绝对优势。

通化市和辽源市家禽养殖规模有微弱的比较优势，规模比较优势指数为 1.10 和 1.06。从绝对数量看，2017 年两市家禽养殖规模分别为 694 万只和 426 万只，具有绝对劣势。吉林市具有微弱的绝对优势，通化市和辽源市具有绝对劣势。松原市、白城市、白山市和延边州 4 个地级市家禽养殖规模比较劣势明显，这 4 个地区家禽养殖规模还表现出绝对劣势的特征，绝对劣势和比较劣势并存。

总体来看，吉林省 9 个地级市家禽养殖规模比较优势中部最大，西部和东部优势都较小。

（五）奶牛养殖规模优势分析

吉林省奶牛养殖在全国范围内并不具备优势，从省内看西部地区的白城市和松原市奶牛养殖规模比较优势最大，2017 年白城市的规模比较优势指数高达 12.12。2009—2013 年松原市奶牛养殖规模优势指数平均为 2.86。从奶牛存栏规模看，2017 年白城市奶牛年末存栏量 7.95 万头，在省内排名第一，具有绝对优势。除了白城和松原外，其他地级市 2017 年奶牛养殖均具有规模比较劣势，中部地区劣势相对较小，东部地区劣势较大。从绝对数量看，中部地区的长春市和四平市数量较高，2017 年分别为 3.63 万头和 1.48 万头。东部三市（州）奶牛养殖数量都比较低，2017 年通化市、延边州、白山市分别为 0.30 万头、0.11 万头和 0.026 万头，绝对劣势比较大。

因此，吉林省奶牛养殖规模比较优势的区域分布特点是西部地区规模优势十分突出，中部地区表现出微弱的劣势，东部地区规模比较劣势最大。

二　主要畜产品效率比较优势的区域差异

这部分用吉林省各地级市主要畜产品的产量数据来计算畜产品的效率优势指数，因此效率优势指数又可称为产量优势指数。

（一）猪肉效率比较优势分析

从表 5-2 的数据可以看出，吉林省 9 个地级市中，中部的长春市、吉林市、四平市和辽源市四个地区具有效率比较优势，四平市最高，为 1.5。从猪肉产量看，长春市、四平市、吉林市也具有绝对优势，猪肉产量在全省 9 个地级市中排在前三位。而辽源市猪肉产量仅为 4.02 万吨，具有绝对劣势。

西部的松原市、白城市和东部的通化市具有微弱的效率比较劣势，比较优势指数分别为 0.99、0.72 和 0.79。从猪肉产量看，长春市、四平市、吉林市和松原市猪肉产量高于 9 个地级市平均猪肉产量，具有绝对优势；白城市、通化市、辽源市、延边州和白山市的猪肉产量远低于

9个地级市平均猪肉产量水平，具有绝对劣势。

因此，吉林省猪肉效率比较优势的区域特点是，中部地区比较优势较大，西部地区和东部地区都有比较劣势，东部地区劣势更大。

（二）牛肉效率比较优势分析

吉林省9个地级市中，东部地区的延边州牛肉效率比较优势明显，效率优势指数分别为1.21。2017年白山市、通化市牛肉生产具有微弱比较劣势，但2009—2013年两市是具有比较优势的，平均比较优势指数分别为2.12和1.44。从牛肉产量看，三个地区五年平均的牛肉产量均低于9个地级市平均水平，具有绝对劣势。

中部地区的辽源市具有比较优势，比较优势指数为1.02。从牛肉产量看，辽源市牛肉产量低于平均水平，具有绝对劣势。中部长春市、吉林市和四平市牛肉产量高于9个地级市平均水平，具有绝对优势，但三个地级市牛肉生产具有比较劣势。

西部的松原市和白城市牛肉效率比较劣势明显，比较优势指数分别为0.4和0.07，两个地区的牛肉产量也低于9地区平均产量，具有绝对劣势，松原市绝对劣势较小，白城市牛肉产量在9地区中排名最后，绝对劣势很大。总体来看，吉林省9个地级市牛肉效率优势同肉牛养殖规模优势的区域分布是一致的，东部比较优势较大，中部地区牛肉产量比较优势逐渐递减但具有绝对优势，西部劣势明显。

（三）羊肉效率比较优势分析

西部的松原市和白城市羊肉效率优势最为显著，平均的效率优势指数分别为3.45和1.97，从羊肉产量看，这两个地区也具有绝对的优势，2017年两地区平均羊肉产量占全省羊肉产量的比重平均为38%和24%，分别排第一位和第二位。东部的延边州和白山市羊肉产量也具有比较优势，平均优势指数为1.52和1.67，但两个地区的羊肉产量具有绝对劣势，占吉林省羊肉产量的比重分别为3.13%和1.76%，绝对劣势显著。

中部4市除四平外，其他3个市比较劣势突出。从产量看，四平市羊肉产量高于平均水平，长春市略低于平均水平，吉林市和辽源市远低于平均水平，绝对劣势较大。东部的通化市具有明显的效率比较劣势，延边州和白山市具有效率比较优势。但从产量看，3 市的羊肉产量都远低于平均水平，绝对劣势明显。

（四）禽肉效率比较优势分析

9 个地级市中，长春市禽肉具有效率比较优势，指数为 1.65，其余地级市均具有比较劣势。从禽肉产量看，长春市和四平市禽肉产量具有绝对优势，两市禽肉产量均高于平均水平，吉林市禽肉产量低于平均水平，在 9 市中排名第三。

西部的松原市和白城市禽肉产量具有比较劣势，优势指数分别为 0.71 和 0.15，同时具备绝对劣势。尤其是白城市，禽肉产量仅为平均产量的 16%，劣势较大。东部的延边州和白山市禽肉产量比较劣势和绝对劣势都比较大，比较优势指数分别为 0.34 和 0.24，且两市禽肉产量在 9 个地级市中排名在后两位，劣势显著。

总体来看，中部的长春市禽肉生产同时具备效率绝对优势和比较优势，四平市具备绝对优势和比较劣势。西部的松原市、白城市具备绝对劣势和比较劣势，东部通化市、延边州和白山市都具备绝对劣势和比较劣势。

（五）牛奶效率比较优势分析

西部的白城市和松原市牛奶效率优势最为明显，效率优势指数分别为 15.88 和 1.69，从牛奶产量看，2017 年白城市牛奶产量占吉林省牛奶产量的比重高达 54%，松原市牛奶产量比重为 19%，两市绝对优势也比较明显。

中部的吉林市和四平市具有比较优势，长春市具有比较劣势。从牛奶产量看，四平市牛奶产量高于 9 个地级市平均产量，具有绝对优势。长春市和吉林市牛奶产量低于平均水平，具有绝对劣势。东部的通化市具有比较优势，但从产量水平看，东部三市均远低于平均水平，具有绝对劣势。

三　主要畜产品综合比较优势的区域差异

从猪肉生产的综合比较优势指数看，中部四市长春市、吉林市、四平市和辽源市具有比较优势，综合优势指数分别为1.01和1.3、1.43和1.03，除辽源外，其余三市同时具有绝对优势。西部的松原市具有综合比较优势，白城市具有微弱的综合比较劣势，松原市同时具有绝对优势。东部的通化市和白山市猪肉生产均具有比较优势，同时都表现出绝对劣势，延边州比较劣势和绝对劣势并存。

从牛肉生产看，东部地区的延边州和白山市都表现出综合比较优势，其中延边州的综合比较优势最大，通化市具有微弱的综合比较劣势；但三市均具有绝对劣势。中部的辽源市表现出综合比较优势和绝对劣势，其余三市均表现为比较劣势，但三市同时具有绝对优势。西部的松原市和白城市牛肉生产既不具备绝对优势，也不具备比较优势，且比较劣势明显。

从羊肉生产来说，西部的松原市和白城市具有显著的综合比较优势，同时具有绝对优势。东部的延边州和白山市也表现出综合比较优势的特征，通化市具有综合比较劣势，但三市均具有绝对劣势。中部的长春市、吉林市和辽源市羊肉生产均不具备综合比较优势，同时表现出绝对劣势，四平市具有比较劣势和绝对优势。

从禽肉生产来看，中部的长春市表现出综合比较优势，其余三市表现出综合比较劣势。长春市和四平市禽肉生产具有绝对优势。东部地区通化市表现出优势特征，延边州和白山市综合比较劣势明显；西部的松原市和白城市禽肉生产也表现出综合比较劣势，但劣势程度小于延边州和白山市。

从牛奶生产看，白城市和松原市牛奶综合比较优势指数突出，尤其是白城市平均指数为13.87，松原市指数为1.3。除这两个地区外，其余各市牛奶生产均表现出了综合比较劣势的特征，总体来说中部地区四个地级市牛奶生产综合劣势较小，东部地区三个市牛奶综合劣势较大。

第三节　本章小结

根据以上对吉林省主要种植业产品及畜产品比较优势的分析，现对主要种植业产品和畜产品优势情况总结如下。

一　主要种植业产品

水稻：吉林省9个地级市中通化市、吉林市、白城市3个地级市的水稻具有综合比较优势，其余6个地级市具有综合比较劣势。

玉米：四平市、辽源市、长春市玉米具有综合比较优势，其余6个地级市具有综合比较劣势。

大豆：优势地区包括延边州、白山市、吉林市，微弱劣势地区包括通化市和辽源市，综合劣势比较明显的地区包括长春市、四平市、松原市、白城市。

油料作物：综合比较优势地区包括松原市和白城市，其余地区均表现出综合比较劣势。

糖料作物：松原市、白城市和延边州表现出综合比较优势，其余地区均表现出综合比较劣势，且劣势程度较高。

烟叶：通化市、延边州、白山市和长春市具有综合比较优势，其余地区具有综合比较劣势。

蔬菜：白山市、吉林市、长春市蔬菜种植具有综合比较优势，通化市和松原市蔬菜种植具有微弱的综合比较劣势，延边州、四平市、辽源市和白城市具有较强的综合比较劣势。

水果：综合比较优势明显的地区包括吉林市、白山市、白城市、通化市，其余地区具有综合比较劣势。

二　主要畜产品

猪肉：具有综合比较优势的地区包括吉林市和四平市，微弱比较劣势的地区包括松原市、长春市和辽源市，明显比较劣势的地区包括通化

市、延边州和白山市。

牛肉：延边州、白山市和通化市牛肉生产综合比较优势显著，吉林市和辽源市牛肉生产具有微弱的综合比较优势，长春市和四平市具有较小的综合比较劣势，松原市和白城市表现出突出的综合比较劣势。

羊肉：松原市和白城市羊肉生产综合比较优势突出，延边州和白山市羊肉生产具有一般的综合比较优势，通化市、长春市、吉林市、四平市、辽源市均存在综合比较劣势。

禽肉：长春市、吉林市和通化市具有综合比较优势，四平市和辽源市具有微弱劣势，松原市、白城市、延边州和白山市具有明显的综合比较劣势。

牛奶：白城市和松原市牛奶生产综合比较优势突出，其余地区均表现出综合比较劣势的特征。

第六章　吉林省农业结构分析和评价

本章主要分析吉林省农业产业结构以及种植业和畜牧业的产品结构并对之进行评价，以发现吉林省种植业和畜牧业结构中存在的问题，并将吉林省农产品地区结构与比较优势的地区分布进行对比分析，为以下章节分析吉林省农业结构应该如何根据比较优势原则进行调整奠定基础。

第一节　农业结构的动态演变

一　农业结构的概念

“农业结构是指农业生产过程中形成的各产业、产品的构成及其比例，是农业资源和生产要素在农业领域的分配比例。”[①] 农业结构的概念包括狭义的和广义的两个方面。狭义的农业结构一般指农业生产结构，包括种植业、林业、养殖业和渔业的构成和比例，也称为农业产业的横向结构，其中农、林、牧、渔各业的结构称为一级结构，在一级结构的每个产业部门内部，根据产品性质和生产过程的不同，又可划分为若干小的生产部门，形成二级产业结构。广义的农业结构还包括“农业的区域布局，农业中种养业、农产品加工业和农产品储藏、运输、服务等第三产业的构成及比例”[②]。广义的农业结构也称为农业的纵向产业结构。

① 厉为民：《农业结构研究》，中国农业出版社2008年版，第1页。

② 钟甫宁：《农业政策学》，中国农业出版社2003年版，第92页。

现代农业不仅包括农业生产本身，还通过经济联系和农业加工、流通等环节形成完整的产业体系。目前我国对农业结构的研究主要还是着眼于农业生产本身，研究农业自身的产业结构、产品结构，尚未从整体上研究广义的农业结构问题。

欧美、日本等国家和地区特别注重从农场着手分析农业结构，突出“农场”在农业结构中的主体地位，着重研究与农户有关的各种要素；苏联和我国农业经济学界对“农业结构”的理解与西方发达国家尚有一定差距，注重分析农产品的数量和比例关系，却忽视了以“农场”为核心的“结构”问题，可以说是“见物不见人”。

农业经济学是部门经济学，可以用经济学的一般原理解释和分析农业部门的经济问题，包括农业生产者的决策行为、农业生产的组织形式、农产品流通的组织形式、农产品的价格及供求关系等。农业结构的研究除了农业产业结构之外，还包括对农业生产者结构的研究，以及纵向上农产品生产和加工、流通之间的比例和结构。随着现代农业的发展，在农业部门出现了一些新业态新形势，如休闲农业、乡村旅游等，这些新业态以农业和农村为基础，融合了第二、第三产业的发展，也应纳入农业结构研究的范畴。因此，农业结构是一个动态的概念，随着农业的发展，农业结构的内涵和外延也在发生变化，有关农业结构的研究也要随之调整。

二 现代农业结构的特征

农业结构的调整指的是根据国家或地区的自然资源状况、经济发展水平、市场供求状况和总体经济发展目标等，对农业内部各个项目或部门的比例关系和地位的调整。传统农业结构具有客观性、整体性、多层次性、动态性、相对稳定性等特征。农业现代化的实现，农业结构调整是主线。传统农业转变为现代农业，传统农业的表现形态也转变为现代农业形态。为了适应现代农业发展的需要，应全面了解现代农业结构调整的基本特征。

（一）现代农业结构具有立体性特征

传统农业结构调整是农业内部不同部门之间的扁平式调整，是种植、养殖比例变动的农业内部循环，而现代农业结构调整则是农业龙头企业带动的一二三产业转化、互融、开放的立体式的产业化调整。现代农业结构调整有非常明显的两大特征，一是农业产业的纵向延伸和横向拓展。纵向延伸指以农产品加工企业为龙头的农业产业链的延长，农业产前、产中和产后环节有机衔接；横向拓展指一二三产业融合发展，形成种、养、加工体的立体式结构。二是农业工业化进程的调整，推进农业产业结构的重大变革就是加快农业工业化进程，以龙头企业带动的农业产业化突破了传统农业的小循环，建立农业工业化的产业流程，初步形成了以农兴工、以工带农、农工并举的现代农业经济的立体循环流程。显然，以龙头企业带动农业产业化的农业结构调整，再不仅仅基于农业自身的平面式结构调整，而是多产业延伸、多要素组合，并着眼于生产、加工、储运、销售和消费等各方面利益关系的立体性的结构调整。

（二）现代农业结构是多种要素的综合利用

农业生产活动离不开多种要素的投入，农业经济活动的本质就是以最小的生产要素消耗获得最大的收益。在农业生产中投入的生产要素包括自然资源（以土地和水资源为代表）、资本、劳动力和科学技术。现代农业生产只有通过多种要素的组合和共同作用，才能形成高效的生产力。传统农业生产主要依靠农业自身的投入，由于资源的稀缺性和边际报酬递减规律的存在，传统农业发展的空间是有限的。现代农业生产中，新的生产要素作为农业新资源被引入，并与农业自身资源进行优化配置，提高了资源的利用效率。现代农业的发展，更多地取决于多方面的经济要素，即资金、技术、信息、管理、劳动者素质等。农业先进技术的应用、农业机械化的推进、经营方式的变革、工业管理制度在农业上的推广、组织制度的创新、知识农民的培养等，这些现代生产要素与传统农业生产要素相结合，构成了现代农业结构要素性调整的特征。

（三）现代农业结构具有开放性特征

现代农业结构的开放性特征主要体现在两个方面。一是区域的开放，

即利用国内国外两种资源两个市场，出口本国具有优势的产品，同时进口本国受资源约束供给短缺的产品，实现国内供求平衡。二是农业产业系统的开放。传统农业长期是以种植业为主、种植以粮食为主的“两为主”结构状态，这种结构格局明显表现出封闭性，产业内部产业链短、结构发育落后、与二三产业关联度低、循环性差，吸引外部资金、技术、人力的能力弱，开放水平低。现代农业的发展使农业的多功能性不断凸显，在传统的农业经济功能、安全保障功能之外，农业的休闲、文化、生态等功能日益突出。新型农业形势、业态的出现加强了农业同二三产业的融合发展，产业界限逐渐模糊，农业产业体系的整体开放性提高。

三　农业结构演变的动力

（一）产业结构协调机制揭示农业结构演变规律

配第—克拉克和库兹涅茨都认为，随着社会的发展，农业在国民经济中的比重不断下降，工业和服务业的比重则不断上升。随着劳动生产率和人均国民收入水平的提高，劳动力也会在部门之间发生转移，首先从第一产业流动到第二产业；当人均国民收入持续提高时，劳动力会进一步从第二产业流动到服务业部门。库兹涅茨根据10多个国家国民收入和劳动力在产业间分布结构的大量统计数据，从时间系列分析和横断面分析中进一步发现，不同产业部门劳动力和产值比重的变化呈现不同的趋势。农业部门劳动力比重和产值比例均呈下降趋势，且前者下降幅度小于后者；工业部门国民收入的相对比重呈上升趋势，而劳动力的相对比重则大体不变；服务部门的劳动力相对比重几乎在所有国家中都是上升的，而国民收入的相对比重大体不变，或略有上升。农业作为国民经济的重要部门之一，在产业结构演进的过程中，农业资源的配置和效率都得到改善，农业结构得以优化。

吉林省和全国经济结构的变化过程也体现了这一特点。2002年吉林省GDP总值为2348.54亿元，2013年增长到14944.53亿元，是2002年的6.36倍之多。从地区生产总值的产业构成来看，2002年第一产业比重19%，下降到2017年的7.3%，第二产业比重由2002年的40.17%提高到了2017年的46.8%，第三产业比重由2002年的40.83%提高到了2017年的45.8%。与全国整体水平相比，吉林省第一产业与第二产业的产值在总产值中的比重偏高，第三产业比重偏低，经济结构整体上是比较落后的。2013年，全国第一产业增加值占国内生产总值的比重为10%，第二产业增加值比重为43.9%，第三产业增加值比重为46.1%。2017年，全国第一产业产值占国内生产总值的比重为7.9%，第二产业增加值比重为40.5%，第三产业产值比重为51.6%。由此可以看出吉林省产业结构不断升级，第一产业比重下降，第三产业比重不断提高，仅略低于第二产业比重，这也符合产业结构演变的规律。从全国来看，第三产业比重已经超过第二产业，也是我国产业结构不断优化的表现之一。

（二）消费需求提升刺激农业结构演变

农业由于自身特性，既是生活消费部门，也是生产消费部门。随着居民收入水平的增长和工业化进程的加快，居民对农产品的需求也不断升级，高档农产品需求增加，低档农产品需求减少。因此，农产品需求呈现出动态性、多样化和多层次。随着我国经济的发展，农产品已由供给不足转变为总量增长、供需出现结构性矛盾，农产品需求呈现小型化、特产化、精致化的特点。需求小型化主要是由家庭规模的变化引起的，家庭人口减少，三口之家成为主流；特产化对于农产品就是优质化的代名词，居民生活水平提高了，对于食品的高品质和多样性需求日益增长。消费者对农产品区域性要求十分苛刻，因为产地差异直接影响农产品的口感和品质；精致化则是特产化的延伸，美观的外形、精美的包装将对品质优良的特色农产品起到锦上添花的作用。市场经济条件下，农业生产经营者在经济利益的驱动下，必须适时地对农业结构进行调整，以便满足社会需求，实现供需平衡。

（三）农业技术进步驱动农业结构优化

农业技术进步是指不断用先进的农业技术替代落后的农业技术，以促进农业生产力的发展。农业技术进步包括广义的农业技术进步和狭义的农业技术进步。广义的农业技术进步既包括农业生产技术即自然科学技术的进步，也包括农业经济管理即社会科学技术的进步。狭义的农业

技术进步仅包括农业生产技术的进步。狭义的技术进步因考虑的主要是物化形态的技术，因而又叫硬技术进步。农业技术进步通过和农业生产中劳动者、生产要素、劳动对象结合而转化为生产力，称为农业生产力发展的第一推动力。农业技术进步可以提高农业生产率、提高农产品质量进而提升农业经济效益，还可以改变农民的生产和生活方式，促进农业、农村全面发展。农业发展和农业技术进步互为依托、相得益彰。农业发展推动农业技术进步，技术进步反过来提高了产业回报率，促进了产业结构的升级。在中国农业发展过程中，都市农业、休闲农业、智能农业、精准农业、精致农业、智慧农业等新的理念和农业形态的不断涌现，就是这一作用的直接体现。

第二节 农业产业结构分析

一 产值结构分析

农业产值结构指的是农业大部门中种植业、林业、畜牧业、渔业及农林牧渔服务业产值所占的比重，本书主要考察种植业、林业、畜牧业、渔业所占的比重。随着农业从传统农业到现代农业的转变，传统种植业在农业总产值中的比重逐渐下降，而畜牧业所占比重不断提高。这是因为传统农业生产力低下，生产效率低，农业生产者只能勉强实现自给自足；农业生产中缺乏市场信号和价格信息，农民只能依靠土地进行必要的生产活动。

随着农业生产水平的不断提高，以及交通运输和道路设施的不断改善，人们对高档农产品的需求持续增长，如肉类、奶类、蛋类等畜牧业产品。市场需求推动了畜牧业在农业生产中的比重增大，逐渐赶超种植业。从世界各个国家农业发展的经验来看，畜牧业产品较之种植业产品的需求弹性更大，属于“高档品”，所以根据市场规律，畜牧业的发展速度较快，在农业总产值中的比重接近甚至超过种植业。现代化的畜牧业对种植业产品进行加工（饲料工业），减少了对土地等自然资源的依赖，更多地依靠资金、技术、人力资本等更高级的生产要素，更加注重生产的集约化和商品的市场化①。

表6－1反映了1991—2013年吉林省和全国农业产值结构的情况。从表6－1可以看出，1991—2017年，除个别年份外，吉林省农林牧渔业产值中畜牧业产值的比重整体来看逐年提高，由23.97%提高到了47.59%，说明吉林省农业产值结构是不断优化的，这也反映了农业发展阶段的一般规律，是符合发展趋势和居民消费结构升级的要求的。从近几年看，吉林省畜牧业产值比重和种植业产值比重持平，某些年份，如2011年和2017年畜牧业的比重甚至超过了种植业。渔业和林业的比重比较稳定，在农林牧渔业总产值中的比重较低，对农业产值的影响小。从全国来看，1991年到2017年，农业产值结构变化不明显，种植业比重有所下降，从1991年的63.09%到2017年的53.1%，下降约10%；林业比重小幅下降，渔业比重和畜牧业比重小幅上升。畜牧业比重1991年为26.47%，2017年为26.86%，最高水平为2008年的35.49%。这是因为除了内蒙古、吉林、四川、西藏、青海等省份的畜牧业产值比重在40%以上，如2012年，上述各省的畜牧业比重分别为45.68%、45.18%、41.78%、49.88%、51.95%，其余各省的畜牧业比重均未超过40%。另外，由于自然条件的原因，一些沿海省份如江苏、浙江、福建、广东、海南的渔业比重比较高，均在20%左右，这些省份的畜牧业产值比重较低。不论是吉林省还是全国，林业和渔业的比重变化都不是很明显，这是因为林业和渔业受自然条件的影响大，而一国或一地区的自然资源禀赋在短期内是不会发生剧烈变化的。

表6－1　　1991—2017年全国和吉林省农业产值结构　　单位：%

年份	吉林省				全国			
	种植业	林业	畜牧业	渔业	种植业	林业	畜牧业	渔业
1991	72.06	2.35	23.97	1.62	63.09	4.51	26.47	5.93

① 戴健、刘晓媛、苏武峥等：《现代畜牧业指标体系研究》，《农业技术经济》2007年第3期。

续表

年份	吉林省				全国			
	种植业	林业	畜牧业	渔业	种植业	林业	畜牧业	渔业
1995	61.48	1.69	35.35	1.48	58.43	3.49	29.72	8.36
2000	52.56	1.87	44.10	1.48	55.68	3.76	29.67	10.89
2005	49.32	3.80	44.51	1.42	49.72	3.61	33.74	10.18
2007	46.02	3.44	48.19	1.29	50.43	3.81	32.98	9.12
2009	44.83	3.40	47.60	1.35	50.99	3.63	32.25	9.32
2010	46.85	3.69	44.94	1.37	53.29	3.74	30.04	9.26
2011	44.85	3.60	47.23	1.37	51.64	3.84	31.70	9.31
2012	46.64	3.92	45.18	1.36	52.47	3.85	30.40	9.73
2013	47.23	3.67	44.89	1.38	53.09	4.02	29.32	9.93
2014	48.59	3.78	43.25	1.45	53.01	4.28	28.59	10.10
2015	48.61	3.81	43.22	1.39	53.20	4.28	28.11	10.15
2016	43.77	3.35	47.67	1.86	52.27	4.35	28.61	10.23
2017	43.40	3.36	47.59	2.02	53.10	4.56	26.86	10.59

资料来源：《中国统计年鉴》（1992—2018年）、《吉林统计年鉴》（1992—2018年）。

虽然从产值结构来看，吉林省农业取得了长足的发展，但是同其他发达国家相比仍然存在较大差距。例如，法国在20世纪50年代的时候，畜牧业产值的比重已经超过了种植业，日本20世纪80年代中期畜牧业在农业中的比重超过了40%，美国在20世纪60年代时畜牧业产值与种植业产值大体持平，俄罗斯20世纪70年代畜牧业产值超过种植业。

二　就业结构分析

就业结构的变化和产业结构的变化密不可分，产业结构反映一个国家或地区国民经济中各产业部门的比例关系，就业结构指的是各经济部门占用劳动力的数量比例及相互关系，产业结构的变动必然导致劳动力在不同产业部门之间的流动和重新分配。随着吉林省各产业产值比重、地位的不断变化，农业的就业结构也随之发生了变化。从表6-2可以看出，吉林省第一产业就业人数在三次产业结构中较高，2004—2017 年占三次产业劳动力总数量的平均比重为 41.06%，虽然呈现逐步下降的趋势，但这一比例仍然较高。

表 6-2　　2004—2017 年吉林省及全国第一产业就业人员比重及对 GDP 的贡献率和拉动率　　单位：%

年份	吉林省			全国		
	第一产业就业比重	第一产业贡献率	第一产业拉动率	第一产业就业比重	第一产业贡献率	第一产业拉动率
2004	46.10	12	1.5	46.90	7.8	0.8
2005	45.67	14.5	1.8	44.80	5.6	0.6
2006	45.20	4.9	0.7	42.60	4.8	0.6
2007	44.59	1.2	0.2	40.80	3.0	0.4
2008	44.01	8.1	1.3	39.60	5.7	0.6
2009	43.84	2.7	0.4	38.10	4.5	0.4
2010	43.26	3.1	0.4	36.70	3.8	0.4
2011	42.90	4.5	0.6	34.80	4.6	0.4
2012	41.08	5.6	0.7	33.60	5.7	0.4
2013	38.96	4.9	0.4	31.40	4.9	0.4
2014	36.87	6.9	0.4	29.5	4.7	0.3
2015	35.47	7.2	0.5	28.3	4.6	0.3
2016	33.83	6.3	0.4	27.7	4.3	0.3
2017	33.01	5.6	0.3	27	4.9	0.3
平均	41.06	6.25	0.69	35.84	4.92	0.44

资料来源：《吉林统计年鉴》（2005—2018 年）、《中国统计年鉴》（2005—2018 年）。

从全国看，2004—2017 年第一产业从业人员占全部从业人员的比重平均为 35.84%，比吉林省第一产业从业人员比重低了 5.22%。随着农业现代化水平的提高和城镇化的逐步实现，农业就业人员中种植业从业人员的比重将会进一步降低，农林牧渔服务业从业人员的比重和从事二、

三产业的农村劳动力比重将呈上升趋势。从农业对 GDP 的贡献率和拉动率看，2005 年以前贡献率和拉动率较高，原因是地区生产总值增量中第一产业的增量所占比重较高，随着三次产业结构的变化，第一产业比重逐渐降低，贡献率和拉动率也随之降低。吉林省第一产业的贡献率和拉动率均高于全国，但从三次产业的对比看，吉林省第一产业就业人员比重明显高于第二产业和第三产业，而贡献率和拉动率又明显低于第二和第三产业。2004—2013 年吉林省第二产业就业人员比重平均为 20.41%，而同时期第二产业对国内生产总值的贡献率和拉动率分别为 56.73% 和 7.54%；第三产业的从业人员比重平均为 36.52%，贡献率和拉动率分别为 37.4% 和 4.95%。这说明吉林省农业劳动生产率较低，同发达国家相比差距更大。2004 年英国、美国、日本的第一产业就业人口比重为 1%，法国和意大利分别为 2% 和 3%。

第三节　农产品结构分析

一　种植业产品结构分析

（一）粮食作物种植比重高

种植业是占吉林省农业总产值比重最大的部门，2017 年吉林省农作物播种总面积为 6086.2 千公顷，其中粮食作物播种面积 5544 千公顷，比重超过了 91%，粮食作物种植又以玉米种植为主。吉林省经济作物种植面积较小，主要经济作物品种有油料作物、蔬菜、水果及烟叶、药材等。表 6－3 反映了吉林省及全国主要种植业产品种植面积的比重。

表 6－3　2004—2017 年吉林省和全国主要农作物种植面积比重　单位：%

年份	水稻	玉米	大豆	油料作物	糖料作物	烤烟	蔬菜	水果
吉林省								
2004	12.24	59.17	10.73	4.53	0.03	0.22	4.80	1.51
2005	13.20	56.03	10.19	5.82	0.06	0.25	4.23	1.37

续表

年份	水稻	玉米	大豆	油料作物	糖料作物	烤烟	蔬菜	水果
2006	13. 32	56. 29	9. 00	5. 77	0. 09	0. 27	4. 32	1. 30
2007	13. 29	56. 62	8. 83	4. 83	0. 06	0. 11	4. 28	1. 20
2008	13. 18	58. 47	9. 15	4. 25	0. 14	0. 24	4. 19	1. 27
2009	13. 01	58. 24	8. 61	4. 78	0. 05	0. 25	4. 57	1. 14
2010	12. 90	58. 35	7. 22	5. 8	0. 06	0. 26	4. 70	1. 12
2011	13. 24	60. 02	5. 84	4. 69	0. 10	0. 21	4. 54	1. 06
2012	13. 19	61. 79	4. 33	5. 02	0. 13	0. 23	4. 47	1. 01
2013	13. 42	64. 64	0. 00	5. 11	0. 04	0. 22	3. 96	0. 97
2014	13. 30	65. 83	4. 12	4. 74	0. 03	0. 19	3. 76	0. 94
2015	13. 41	66. 91	2. 84	4. 74	0. 01	0. 15	3. 53	0. 85
2016	13. 75	64. 42	3. 53	5. 59	0. 01	0. 18	3. 53	0. 82
2017	13. 49	68. 42	3. 62	6. 72	0. 01	0. 05	1. 36	0. 31
平均	13. 21	61. 09	6. 29	5. 17	0. 06	0. 20	4. 02	1. 06
全国								
2004	18. 48	16. 57	6. 24	9. 40	1. 02	0. 75	11. 44	6. 36
2005	18. 55	16. 95	6. 17	9. 21	1. 01	0. 80	11. 40	6. 45
2006	19. 25	17. 73	6. 10	9. 03	1. 17	0. 80	11. 97	6. 60
2007	18. 84	19. 21	5. 70	7. 37	1. 17	0. 69	11. 29	6. 82
2008	18. 71	19. 11	5. 84	8. 21	1. 27	0. 79	11. 44	6. 87
2009	18. 68	19. 66	5. 79	8. 61	1. 19	0. 80	11. 61	7. 02
2010	18. 59	20. 23	5. 30	8. 64	1. 19	0. 77	11. 83	7. 18
2011	18. 52	20. 67	4. 86	8. 54	1. 20	0. 83	12. 10	7. 29
2012	18. 44	21. 44	4. 39	8. 52	1. 24	0. 91	12. 45	7. 43
2013	18. 41	22. 06	0. 00	8. 52	1. 21	0. 93	12. 69	7. 51
2014	18. 32	22. 44	4. 11	8. 49	1. 15	0. 83	12. 94	7. 93
2015	18. 16	22. 91	3. 91	8. 44	1. 04	0. 73	13. 22	7. 70
2016	18. 11	22. 06	4. 32	8. 48	1. 02	0. 72	13. 40	7. 79
2017	18. 49	25. 49	4. 96	7. 95	0. 93	0. 65	12. 01	6. 69
平均	18. 54	20. 47	4. 83	8. 53	1. 13	0. 79	12. 13	7. 12

资料来源：《吉林统计年鉴》（2005—2018 年）、《中国统计年鉴》（2005—2018 年）。

全国和吉林省农作物及粮食作物播种面积从 2004—2017 年呈上升趋

势，这很好地保证了粮食供应的充足和国家的粮食安全。从粮食作物占农作物播种总面积的比重看，吉林省高于全国平均水平。2004—2017年，吉林省水稻、玉米、大豆三种主要粮食作物播种面积所占比重超过了80%，这是因为吉林省是全国粮食大省，优越的自然条件和土壤资源为吉林省粮食生产提供了重要条件，同时吉林省又是全国商品粮生产的重要基地，是国家粮食安全战略的重要环节。

表6－4　2004—2017年吉林省主要粮食作物种植面积比重　单位：%

年份	水稻	玉米	高粱	大豆	薯类	谷子	其他谷物
2004	13.92	67.29	1.24	12.20	1.97	0.24	0.40
2005	15.23	64.62	1.98	11.75	2.50	0.28	0.43
2006	15.35	64.86	1.85	10.37	3.44	0.31	0.26
2007	15.45	65.83	1.55	10.26	2.30	0.27	0.24
2008	15.00	66.55	1.59	10.41	2.12	0.26	0.26
2009	14.92	66.79	2.02	9.88	2.24	0.40	0.42
2010	14.99	67.82	2.13	8.39	1.68	0.71	0.30
2011	15.21	68.96	2.22	6.71	1.90	0.77	0.27
2012	15.21	71.24	2.75	4.99	1.78	0.78	0.22
2013	15.17	73.05	2.4	4.48	1.66	0.67	0.31
2014	15.14	81.24	2.38	4.86	1.36	0.68	0.02
2015	14.07	76.82	1.72	3.29	1.18	0.80	0.02
2016	14.44	76.54	1.91	3.38	1.11	0.94	0.02
2017	14.81	75.11	2.12	3.97	1.12	0.83	0.03
平均	14.92	70.48	1.99	7.50	1.88	0.57	0.23

资料来源：《吉林统计年鉴》（2005—2018年）。

吉林省主要粮食作物有水稻、玉米、大豆，还种植少量的高粱和薯类，谷子和其他谷物种植面积非常小。表6－4反映了吉林省主要粮食作物在粮食播种面积中所占的比重。从表中的计算结果看，吉林省播种面积最大的粮食作物是玉米，2004—2017年玉米播种面积比重平均达到了

70.48%，且从2005年开始，吉林省玉米播种面积比重逐年提高。玉米播种的绝对面积2004年为2901.5千公顷，2017年为4164千公顷，比2004年增加了43.54%。其次是水稻，十四年平均值达到了14.92%，2004年吉林省水稻播种面积为600.1千公顷，2017年为820.8千公顷，增长了36.78%。大豆播种面积比重位于第三位，平均值为7.5%。大豆播种面积逐年下降，从2004年的526千公顷，下降到2013年的214.53千公顷，播种面积仅为2004年的40.8%，2017年大豆种植面积略有回升，为220.2千公顷。吉林省薯类在粮食作物种植中所占比重平均为1.88%，且整体呈下降的趋势。高粱在粮食作物种植中所占比重高于薯类，平均为1.99%，其他谷物种植面积最低，占粮食作物总面积的比重仅为0.23%。

（二）经济作物种植比重低

从表6-5中可以看出，吉林省主要经济作物油料、糖料、烤烟、蔬菜、果园面积所占比重均低于全国平均比重，尤其是蔬菜和果园面积远低于全国平均水平。而主要粮食作物玉米、大豆种植面积所占比重均高于全国平均水平，尤其是玉米，面积比重是全国平均比重的3倍之多。经济作物是农民收入的重要来源，尤其是一些设施蔬菜产业，如设施黄瓜、设施茄子等利用季节供应差异可以获得较高的利润，而吉林省在这类产业的发展上滞后于全国平均水平，这也是影响农民增收的一个重要瓶颈。因此，吉林省经济作物种植比重较低，也反映了吉林省的农作物种植结构不够合理。

表6-5　2004—2017年吉林省主要经济作物种植面积比重　单位：%

年份	油料作物	糖料作物	烟叶	药材	蔬菜	水果
2004	38.21	0.22	3.47	4.83	40.53	12.73
2005	46.45	0.45	3.64	4.80	33.75	10.92
2006	45.89	0.69	3.86	4.88	34.33	10.36

续表

年份	油料作物	糖料作物	烟叶	药材	蔬菜	水果
2007	44.27	0.51	1.91	3.06	39.25	11.00
2008	38.93	1.30	4.03	5.70	38.41	11.62
2009	41.16	0.41	3.97	5.36	39.30	9.81
2010	45.61	0.50	3.61	4.51	36.94	8.83
2011	41.16	0.84	3.75	5.17	39.79	9.29
2012	43.05	1.08	4.05	4.80	38.34	8.69
2013	46.18	0.38	3.76	4.98	35.92	8.80
2014	45.55	0.33	3.53	5.44	36.11	9.05
2015	48.62	0.11	1.55	4.84	36.21	8.67
2016	54.19	0.05	1.28	2.26	34.25	7.96
2017	76.92	0.13	1.17	2.69	15.58	3.50
平均	46.87	0.50	3.11	4.52	35.62	9.37

资料来源：《吉林统计年鉴》(2005—2018 年)。

吉林省种植的经济作物主要有油料作物、糖料作物、烟叶、药材及水果和蔬菜，麻类和棉花种植面积极少，这里不做分析。表 6－5 反映了吉林省各种经济作物播种面积的比重。从表中可以看出，吉林省经济作物以油料作物为主，2004—2017 年油料作物播种面积占所有经济作物播种面积的平均值最高，为 46.87%。2004 年油料作物种植面积为 222.1 千公顷，2017 年为 408.7 千公顷；其次是蔬菜种植，平均种植面积比重为 35.62%，2017 年蔬菜种植面积为 82.8 千公顷，远低于 2004 年的 235.6 千公顷。果园种植面积平均比重为 9.37%，种植面积下降幅度较大。2004 年果园种植为 74 千公顷，2013 年为 52.69 千公顷，2017 年仅为 18.61 千公顷，比 2004 年下降了约 75%。药材种植平均比重为 4.52%，且药材种植绝对面积比较稳定，2004 年种植面积为 28.1 千公顷，2013 年为 29.8 千公顷，2016 年和 2017 年出现了较大幅度的下降，分别为 13.2 千公顷和 14.3 千公顷。烟叶和糖料作物种植面积所占比重较小，平均比重分别为 3.11% 和 0.5%。烟叶种植面积比较稳定，2004

年为20.2千公顷，2013年为22.49千公顷，但2015年开始出现较大幅度的下降，2017年仅为6.24千公顷。糖料作物种植面积波动幅度较大且不稳定，2004年种植面积为1.3千公顷，种植最多的2008年达到了7千公顷，2013年为2.27千公顷，2017年仅为0.7千公顷。

（三）种植业产品地区结构分析

由于水稻、玉米、大豆是吉林省最主要的粮食作物，同时根据数据的可得性，粮食作物主要分析这三种作物的地区结构。吉林省的甜菜种植主要分布在松原市、白城市和延边州，2009—2017年三个地区甜菜种植面积在吉林省甜菜种植总面积中的比重达到了97%以上，因此这里主要分析三种主要粮食作物和油料、烟叶、蔬菜和水果种植的地区结构。根据吉林省的行政区划，分别计算长春市、吉林市、四平市、辽源市、通化市、白山市、白城市、松原市和延边州（方便起见，以下统称9个地级市）种植业的结构。

表6-6　2017年吉林省各地区主要农作物种植面积占全省比重　单位：%

地区	水稻	玉米	大豆	油料	烟叶	蔬菜	水果
长春	23.44	24.47	9.33	5.89	12.94	21.83	11.70
吉林	18.55	11.80	12.67	0.55	6.83	10.44	2.97
四平	6.41	19.41	5.77	0.71	—	17.24	7.82
辽源	2.49	5.26	1.43	0.02	—	2.88	0.44
松原	15.00	19.26	4.46	69.97	—	17.99	31.75
白城	19.33	9.82	2.43	18.21	9.65	9.57	20.27
通化	10.61	4.93	2.82	0.20	35.70	10.57	4.89
延边	4.08	4.32	52.00	3.08	32.41	6.69	18.18
白山	0.10	0.74	9.08	1.39	2.47	2.79	1.99

资料来源：《吉林统计年鉴》（2018年）。

1. 水稻种植地区结构分析

从表6-6可以看到，吉林省水稻种植主要集中于长春市和吉林市，

两个地区水稻种植面积占了全省的将近一半，其次分别是白城市、松原市和通化市。2017年长春市水稻种植面积为192.38千公顷，主要分布在榆树市、德惠市、九台市（即现在的九台区）和长春市双阳区。其中榆树市水稻种植面积最广，为85.68千公顷。榆树位于“黄金水稻带”上，水土资源优越，水稻质量优良。榆树大米加工业也得到了长足的发展，创立大米品牌30多个。吉林市水稻种植152.23千公顷，占全省的比重为18.55%，主要分布在舒兰市、永吉县、吉林市昌邑区以及磐石市。其中舒兰市2017年水稻种植面积为56.30千公顷，占吉林市总种植面积的37%。白城市水稻种植面积158.64千公顷，以镇赉县为主。吉林省白山市、辽源市、延边朝鲜族自治州水稻种植较少，2017年水稻种植面积比重平均分别为0.1%、2.49%、4.08%。这是因为白山市、辽源市耕地资源不足，2013年白山市总耕地资源仅为56.97千公顷，为长春市总耕地资源的4.34%。而且白山市地处长白山腹地，境内山峰林立，境内大部分地区为长白熔岩台地和靖宇熔岩台地，主要盛产各种森林资源、人参、矿产资源、山珍土特产等。辽源市耕地面积239.33千公顷，仅为长春市的18.25%。延边州境内土地主要为林地，林地面积占84.9%，耕地仅为5.1%，其水稻种植主要分布在珲春市、和龙市、敦化市。

2. 玉米种植地区结构分析

玉米有史以来就是吉林省的第一大粮食作物，生产玉米的条件得天独厚，全省有23个县（市）分布在玉米带上。从表6-6可以看出，2017年吉林省玉米种植面积最广的前三个市分别为长春市、四平市、松原市。2017年长春市玉米播种1018.87千公顷，占全省播种面积的24.47%，长春市玉米种植主要分布在农安县、榆树市、九台市、德惠市。2017年四平市玉米播种面积为808.07千公顷，占全省播种面积的19.41%，公主岭市种植面积最大，为293.46千公顷，梨树县和伊通县播种面积也较广。2017年松原市玉米种植801.93千公顷，占全省播种面积的19.26%，主要分布在扶余市、长岭县、前郭县。白山市、延边州、通化市、辽源市玉米播种面积较小。玉米种植地区分布同优势地区分布基本一致，主要种植地区长春市、四平市都具有综合比较优势。

3. 大豆种植地区结构分析

吉林省大豆种植面积呈现下降的趋势。2004 年，吉林省大豆种植526 千公顷，2013 年这一数字下降为 214. 53 千公顷，减少了近 60%。这主要是因为大豆单产远远低于玉米，2017 年吉林省玉米单产为 7807 公斤/公顷，而大豆单产仅为 2278 公斤/公顷，另一方面是由于进口大豆对国内市场的冲击，全国各地大豆播种面积逐年下降。吉林省大豆种植主要分布于延边州，2017 年，延边州大豆种植在全省的平均比重为 52%，种植面积 114. 51 千公顷。延边州大豆种植区域主要位于敦化市，2017 年敦化市大豆种植面积 66. 56 千公顷。吉林市大豆种植面积也比较广，2017 年种植面积达到了 27. 90 千公顷，主要分布于蛟河市和桦甸市。大豆种植面积和比较优势的区域分布基本一致，种植面积最广的延边州和吉林市都具有综合比较优势。

4. 油料作物种植地区结构分析

吉林省油料作物种植面积不稳定，2004 年吉林省油料作物种植 222. 1 千公顷，2005 年增加到 288. 5 千公顷，2007—2009 年种植面积下降，2010 年大幅增加，至 303. 1 千公顷，此后又呈现先下降后上升的趋势。2017 年种植面积为 408. 7 千公顷，为历史最高水平。和自身比较优势相比，吉林省油料种植面积并不大，这一方面是因为玉米种植面积扩大占用了大量的耕地，另一方面资金缺乏和土地租金高也是制约吉林省油料作物种植面积扩大的重要原因。从表 6 - 6 可以看出，吉林省油料作物种植主要集中在西部的白城市和松原市，白城市 2017 年油料作物种植面积比重为 18. 21%，松原市种植面积比重为 69. 97%，两个市种植面积占全省的比重达到了 88%。其他地区均有少量种植，油料作物种植和比较优势地区分布完全一致，主要种植地区松原市和白城市都具有综合比较优势。

5. 烟叶种植地区结构分析

吉林省烟叶种植面积不大且呈下降趋势，2004 年为 20. 2 千公顷，2013 年为 22. 49 千公顷，2017 年仅为 6. 24 千公顷。从地区分布看，长

春市、通化市和延边州是烟叶种植的主要地区。2017 年，通化市烟叶种植面积最广，为 2.23 公顷，占全省烟叶种植的 35.7%。延边州烟叶种植种植面积 2.02 千公顷，32.41%，主要分布在敦化市、和龙市和汪清县。2017 年三个地区占了延边州总种植面积的 90% 以上。长春市烟叶种植面积为 0.81 千公顷，比重为 12.94%，主要分布于农安县。2013 年长春地区烟叶种植面积 8.13 千公顷，其中农安县 6.15 千公顷，占了 75.66%，长春市烟叶种植在过去几年内大幅减少。白城市烟叶种植面积也较大，比重 9.65%。除辽源市、松原市和四平市外，其余地区均有少量种植。烟叶种植和优势地区分布基本一致，种植面积较广的长春市、延边州和通化市具有综合比较优势，但另一主要种植区域白城市则不具备综合比较优势。

6. 蔬菜种植地区结构分析

蔬菜是吉林省第二大经济作物，蔬菜种植地区分布比油料作物和烟叶分散。2017 年蔬菜种植面积最广泛的长春市种植面积平均比重为 21.83%，其次为松原市和四平市，种植面积比重分别为 17.99% 和 17.24%，通化市和吉林市的蔬菜种植面积排在四平市之后，比重为 10.57% 和 10.44%。2017 年长春市蔬菜种植面积为 18.09 千公顷，其中农安县种植最多，为 6.42 千公顷，其次是德惠市，为 3.33 千公顷。2017 年松原市蔬菜种植面积为 14.9 千公顷，其中长岭县为 5.7 千公顷，占松原市总种植面积的 38.26%，前郭县为 3.54 千公顷，占 23.76%，其余比较均匀地分布于乾安县、扶余市和宁江区。蔬菜种植地区分布和比较优势存在一定的偏离，松原市蔬菜种植面积仅次于长春，却不具备综合比较优势，白山市蔬菜种植面积在 9 个地区排名第 8 位，却具有综合比较优势。

7. 水果种植地区结构分析

吉林省果园面积在过去的十四年中大幅度下降，2004 年果园面积为 74 千公顷，2017 年仅为 18.61 千公顷，比 2004 年下降了 75%。省内各地区瓜果种植也都呈现不同程度的下降，且水果种植地区分布和比较优势具有一定的偏离。从地区分布看，松原市瓜果种植面积最广，2017 年比重为31.75%。松原市瓜果种植面积呈下降趋势，2013年为12.92千公顷，2017年下降到7.02千公顷。白城市比重为20.27%，果园面积从2011年的1.27千公顷大幅增加到2012年的11.17千公顷，2013年10.33千公顷，2017年下降到4.48千公顷。延边州比重为18.18%，2013年2.04千公顷，2017年为1.18千公顷。长春市和四平市瓜果种植面积所占比重分别为11.7%和7.82%；其次依次是通化市、吉林市、白山市和辽源市。

二　畜产品结构分析

从农业发展趋势及农业结构的演进规律来看，畜牧业在整个大农业中的比重是逐步提高的。畜牧业有效延长了农产品产前、产后的生产链条，并促进了包装、加工、储藏、运输等产业部门的发展①。随着人民生活水平的提高，对肉、蛋、奶等产品的需求不断增加，畜牧业在农业中的比重也不断提高。吉林省畜牧业的发展也表现出了这样的特点，2007年以来，吉林省畜牧业产值在整个农业产值中的比重与种植业平分秋色，接近50%。

表6－7　　2004—2017年吉林省畜牧业养殖数量

年份	猪（万只）	牛（万头）	肉牛（万头）	奶牛（万头）	羊（万只）	禽（亿只）
2004	568.00	525.00	—	13.00	410.00	1.81
2005	615.20	550.00	—	14.50	430.00	1.90
2006	647.20	600.00	—	16.50	450.00	1.93
2007	1084.80	539.30	—	21.50	457.30	2.04
2008	976.50	460.90	327.00	27.50	406.60	1.55
2009	1007.70	474.70	354.50	19.30	422.90	1.59
2010	986.60	455.70	424.75	19.50	398.80	1.46
2011	989.30	423.70	395.38	18.00	391.60	1.53
2012	1001.20	431.40	401.40	24.00	393.90	1.63

① 王刚毅：《信息化对黑龙江省畜牧业产业链的影响及对策研究》，东北农业大学，2009年。

续表

年份	猪（万只）	牛（万头）	肉牛（万头）	奶牛（万头）	羊（万只）	禽（亿只）
2013	1001.20	437.60	408.60	23.20	396.20	1.52
2014	1000.40	430.90	401.80	24.50	410.80	1.50
2015	972.40	450.70	420.80	26.20	452.90	1.65
2016	948.10	427.30	400.40	25.00	438.40	1.52
2017	911.10	337.60	322.00	14.00	399.90	1.58
平均	907.84	467.49	385.66	20.48	418.52	1.66

资料来源：《中国畜牧业年鉴》（畜牧兽医年鉴）（2005—2018年）。

（一）畜产品养殖结构分析

从表6－7可以看出，2004—2017年，吉林省家禽饲养数量最高，其次为生猪，羊的饲养数量最少。从十四年间饲养数量的变化看，不同的牲畜品种表现出了不同的特点。生猪年末头数从2004年的568.00万头增长到了2013年的1001.2万头，增长了76.26%，除2008年和2009年生猪饲养数量异常减少外，其余年份生猪饲养数量比较稳定且逐年增长。但从2014年开始，生猪饲养数量却呈下降趋势，2017年为911.1万头。牛的饲养头数整体呈下降趋势，2004年牛的饲养数量525万头，2013年减少到437.6万头，2017年为337.6万头，比2004年下降了35.7%。具体来看，吉林省肉牛年末存栏量从2008年到2015年总体表现出提高的趋势，从327万头增加到2015年的420.8万头，但2016、2017年均下降，2017年仅为322万头。奶牛年末存栏量从2004年的13万头增长到了2016年的25万头，增长了92%，但2017年下降到14万头。羊的饲养数量略有下降，2004年为410万只，2017年为399.9万只，下降了2.44%。吉林省养禽业数量整体趋势是减少的，2004年吉林省禽类养殖数量1.81亿只，2017年该数量为1.58亿只，减少了12.71%。

（二）畜产品产量结构分析

吉林省畜产品产量除猪肉外，其他畜产品产量基本处于停滞不前的状态。吉林省肉牛产业虽然在东北三省区域内和全国范围内具有一定的优势，但纵向看牛肉生产在逐渐萎缩。吉林省畜牧业生产以猪肉为主，猪肉产量在肉类总产量中的比重平均达到了46.76%；其次是禽肉生产，平均比重达到了31.2%；牛肉产量平均比重为18.73%，羊肉比重最小，平均为1.63%。可以看出，吉林省畜产品产量仍然以附加值较低的猪肉和禽肉为主，附加值较高的牛肉和牛奶产量比重较低。虽然吉林省猪肉产量比重较高，增长较快，但由于吉林省生猪生产成本较高，一定程度上制约了生猪产业的发展。

表6-8　　2004—2017年吉林省畜产品产量　　单位：万吨

年份	肉类总产量	猪肉	牛肉	羊肉	禽肉	牛奶
2004	243.50	98.50	49.00	4.00	87.90	25.32
2005	260.20	108.20	51.00	4.20	92.50	29.40
2006	268.30	114.20	53.00	4.30	92.40	34.50
2007	231.70	96.40	47.60	4.40	77.06	47.31
2008	216.79	104.59	39.97	3.51	68.00	39.74
2009	226.20	113.20	41.80	3.60	65.90	44.50
2010	238.90	119.80	43.20	3.80	65.90	43.52
2011	243.90	122.00	43.40	3.90	67.80	45.24
2012	260.00	132.70	45.00	4.10	71.90	49.10
2013	262.60	136.30	45.00	4.20	70.30	47.58
2014	262.00	140.40	46.00	4.50	65.90	49.30
2015	261.10	136.00	46.60	4.80	68.40	52.30
2016	260.40	130.60	47.10	4.80	73.10	52.80
2017	256.10	136.10	38.00	4.90	75.20	34.00
平均	249.41	120.64	45.48	4.22	74.45	42.47

资料来源：《中国畜牧业年鉴》（2005—2018年）。

表6-8反映了吉林省2004—2017年主要畜产品的产量。从表中可以看出，研究期间内吉林省猪肉产量在波动中小幅增长。吉林省猪肉产

量波动的一个重要原因是生猪养殖以小规模和散养为主，养殖户缺乏对市场的科学预期，往往根据目前的市场行情来决定养殖数量。牛肉产量波动中减少，2013 年牛肉产量 45 万吨，2017 年仅 38 万吨，低于 2004 年 49 万吨的水平。造成这种情况的主要原因是养殖户饲料成本提高，同时由于牛源稀缺导致犊牛、架子牛价格上涨，进一步提高了养殖户的饲养成本，导致肉牛养殖数量及牛肉产量的波动①。

同其他几种肉类产品相比，吉林省羊肉生产是劣势最大、比重最小的。2004—2017 年吉林省羊肉产量在肉类总产量中的平均比重只有 1.69%，而全国羊肉产量在肉类总产量中的比重为 4.78%。

十四年间吉林省禽肉产量下降了，2004 年吉林省禽肉产量 87.9 万吨，2017 年为 75.2 万吨，减少了 14.45%。从全国来看，2004 年全国禽类养殖 51.62 亿只，2017 年增长到 60.5 亿只，增长了 17.2%，禽肉产量从 2004 年的 1351.43 万吨增长到 2017 年的 1981.7 万吨，增长了 46.64%。

（三）畜产品地区结构分析

1. 肉类总产量地区结构分析

由于猪肉产量在所有肉类产量中所占比重最高，所以吉林省首屈一指的生猪养殖地区长春市在肉类总产量这一指标中同样占据首位。2009—2017 年长春市肉类总产量占吉林省的平均比重为 37.22%。从绝对数量看，长春市肉类总产量在这期间却呈下降的趋势。2009 年长春市肉类总产量为 150.32 万吨，2017 年仅为 93.49 万吨。吉林省另一畜牧业生产主要地区四平市，2009—2017 年肉类总产量占吉林省的平均比重为 21.20%，从绝对数量上看，2017 年肉类总产量 52.9 万吨，比 2009 年的 86.64 万吨下降了 38.94%。排第三位的吉林市肉类总产量的平均比重为 15.78%，从绝对数量看，2013 年吉林市肉类总产量 41.06 万吨，比 2009 年的 70.74 万吨减少了 42.38%。松原市的肉类总产量平均比重

① 张越杰、田露：《中国肉牛生产区域布局变动及其影响因素分析》，《中国畜牧杂志》2010 年第 6 期。

为 11. 12% ，其余各市的比重较小，末位的白山市肉类总产量的平均比重仅为 1% 。

表 6 - 9　　2009—2017 年吉林省各地区畜产品产量占全省比重　　单位：%

地区	肉类总产量	猪肉	牛肉	羊肉	禽肉	牛奶
长春	37. 22	32. 50	30. 81	10. 16	40. 55	12. 86
吉林	15. 78	15. 69	17. 70	4. 65	19. 8	10. 62
四平	21. 20	24. 75	20. 66	18. 53	18. 67	17. 38
辽源	3. 07	2. 54	6. 30	1. 01	4. 12	1. 31
松原	11. 12	11. 74	8. 87	36. 78	7. 24	23. 61
白城	3. 82	4. 70	1. 38	21. 66	2. 53	30. 2
通化	4. 94	4. 30	7. 10	2. 24	6. 52	1. 44
延边	1. 84	1. 58	4. 31	2. 95	0. 18	2. 33
白山	1. 00	1. 04	1. 95	2. 01	0. 41	0. 26

资料来源：《吉林统计年鉴》（2010—2018 年）。

2. 猪肉产量地区结构分析

吉林省猪肉产量前三位的地区是长春市、四平市、吉林市。猪肉产量地区分布和比较优势区域分布存在一定偏离，比重最高的长春市不具备综合比较优势，四平市和吉林市具有综合比较优势。长春市猪肉产量所占比重平均为 32. 5% ，从纵向看，除了 2010 年长春市猪肉总产量和比重急剧下降，其余年份所占比重比较稳定，但 2017 年猪肉产量相比 2009 年出现了大幅度下滑。2009 年长春市猪肉产量为 78. 02 万吨，2010 年剧烈波动，为 38. 39 万吨，下降了 50. 8% ，之后猪肉产量逐步回升，2013 年达到 55. 43 万吨，2017 年仅为 39. 13 万吨。长春地区的农安县和榆树市占据了猪肉产量的前两位。四平市猪肉产量平均比重为 24. 75% ，2009 年产量为 52. 23 万吨，2010 年降至 32. 18 万吨，之后逐步回升，2013 年猪肉产量为 40. 22 万吨，仍低于 2009 年的水平。四平市的猪肉生产主要位于梨树县和公主岭市。吉林市猪肉产量平均比重为 15. 69% ，

2017 年猪肉产量 23.1 万吨，主要生产地为磐石市和舒兰市。松原市猪肉产量平均比重为 11.74%，排在吉林市之后，2017 年的猪肉产量为 17.37 万吨，其中扶余市产和长岭县猪肉产量较高。其余地区猪肉产量所占比重较小，辽源市平均比重为 2.54%，其余各地均未达 5%，比重最小的白山市，猪肉产量平均比重仅为 1.04%。

3. 牛肉产量地区结构分析

牛肉产量地区分布和比较优势偏离较大，产量最高的长春市和四平市都不具备综合比较优势，综合比较优势地区通化市、延边州和白山市牛肉产量所占比重均不高。偏离的原因是中部地区畜牧业发达，而东部地区畜牧业整体发展滞后于中部地区，牛肉产量在畜牧业中比重较高。吉林省牛肉产量最高的地区是长春市，牛肉产量占吉林省牛肉总产量的比重平均达 30.81%，从纵向看，2009 年长春市牛肉产量较高，为 20.04 万吨，2010 年牛肉产量下降，2011 年逐步回升，至 2013 年长春市牛肉产量达到了 16.32 万吨，仍未回到 2009 年的产量水平，2017 年牛肉产量仅为 12.95 万吨。四平市牛肉产量在 9 个地级市中排名第二位，牛肉产量占比平均为 20.66%。纵向看，四平市牛肉产量经历了大幅下降，2013 年牛肉产量仅为 2009 年的 55%。牛肉产量居第三位的是中部地区的吉林市，牛肉产量占全省总产量的比重为 17.7%。中部地区的辽源市牛肉产量所占比重平均为 6.3%，中部四市牛肉产量占吉林省牛肉总产量的比重达到了 75.47%，是真正的牛肉生产聚集区。西部的松原市和白城市牛肉产量所占比重分别为 8.87% 和 1.38%，东部的通化市、延边州和白山市牛肉产量占吉林省牛肉总产量的比重平均为 7.1%、4.31% 和 1.95%，吉林省牛肉生产绝对优势地区是中部地区。

4. 羊肉产量地区结构分析

吉林省羊肉产量地区分布和羊肉优势地区分布一致，产量位于前两位的松原市和白城市也是综合比较优势显著的地区。松原市羊肉产量占吉林省羊肉产量的比重为 36.78%；其次为白城市，九年平均的羊肉产量所占比重为 21.66%。西部地区两市羊肉产量比重之和达到了 58.44%。中部地区的四平市羊肉产量在 9 个地级市中排名第三位，平均比重为

18.53%，长春市该比重为10.16%，加上吉林市和辽源市，中部地区四个地级市羊肉产量占吉林省羊肉总产量的比重为34.8%。东部三市羊养殖数量较少，羊肉产量也处于较低水平，平均的羊肉产量占吉林省的比重之和为7.2%。从纵向看，西部松原市和白城市的羊肉产量比重在2009—2017年呈现整体提高的趋势，中部地区四市和东部的通化市以及白山市羊肉产量所占比重则呈下降趋势，延边州羊肉产量比重在五年内基本保持不变，说明吉林省羊肉生产向西部地区集中度提高了。

5. 禽肉产量地区结构分析

吉林省禽肉生产主要集中在中部地区，而中部的长春市和吉林市也是具有综合比较优势的地区。2009—2017年，中部地区的长春市、吉林市、四平市和辽源市禽肉产量占吉林省禽肉总产量的平均比重分别为40.55%、19.8%、18.67%和4.12%，四市比重之和达到了83.14%，集中度很高。西部的松原市和白城市禽肉产量比重分别为7.24%和2.53%，比重之和为9.77%；东部的通化市、白山市和延边州禽肉产量比重分别为6.52%、0.41%和0.18%。因此，吉林省的家禽养殖和禽肉生产表现出向中部地区集中的特征。

6. 牛奶产量地区结构分析

吉林省牛奶产量最高的地区为西部的白城市和松原市，两市牛奶产量占全省总产量的比重达到了53.81%，中部的长春市、吉林市、四平市牛奶产量低于西部地区，但比东部地区高出很多，五年间中部四市平均牛奶产量的比重之和达到了42.17%，东部的通化市、延边州和白山市牛奶产量平均比重相加仅为4.03%。

从以上分析也可以看到，吉林省农业结构存在一些深层次的问题，结构性矛盾突出。表现之一是种植业比重高，牧业和水产养殖业比重较低。种植业中玉米种植面积占所有农作物种植总面积的比重达到了60%以上，也是产量最高的粮食作物。然而吉林省玉米深加工产业虽然技术水平领先，且由于原料和加工产品价格倒挂，许多玉米深加工企业无法继续经营。在农业总产值中，虽然吉林省畜牧业产值比重高于全国平均比重，但畜牧业中养殖数量最多的是低附加值的猪和鸡，收益率较高的

牛肉、羊肉、乳制品和羊绒等产量不高，发展不充分。吉林省种植业产品和畜产品地区分布和具有综合比较优势的地区分布之间存在一定的偏离，区域布局不合理。

第四节 基于VAR模型和GRA的农业结构评价

农业结构的第一个层次是农业内部种植业、林业、畜牧业和渔业的部门结构及比重，第二个层次是各部门内部不同产品的结构及比重。这部分首先利用向量自回归（VAR）模型对吉林省农业结构的第一个层次进行实证分析和评价，确定农业内部各部门的地位和作用，探讨农业内部种植业、林业、牧业、渔业对农业经济增长的效应，并探讨种植业、林业、牧业、渔业之间的相互作用和影响；在此基础上进一步利用灰色关联分析法（GRA）定量分析种植业和畜牧业内部不同的产品种类对农业经济增长的贡献和关联性，为吉林省农业结构调整提供方向和依据。

一 理论框架

产业结构变动对经济增长的作用已经得到学术界的共识，同样，农业结构调整对农业经济增长的作用也是不容忽视的。根据配第—克拉克定理和库兹涅茨法则，随着劳动生产率的增长和经济水平的提高，不同产业产值比例和劳动力在不同产业间的分配也会相应发生变化。总体规律是：在经济发展的初期，第一产业的产值比重和劳动力比重都会下降，第二、第三产业产值在GDP中的比重提高，吸纳的劳动力不断增加；随着经济的进一步发展，工业产值比重也将下降，而第三产业在国民经济中的比重和就业人数进一步增加。

在三次产业结构的演变过程中，农业生产结构和产品结构也不断发生着变化。不同农产品的需求收入弹性是不一样的，随着人民收入水平的提高，一些普通的主食产品、蔬菜等在居民消费结构中的比重会逐渐降低，而一些“高档品”，如肉、蛋、奶、海鲜、优质蔬菜和水果等的消费量会不断提高。在健全的市场体制下，高档产品的价格会随着需求的提高和供不应求的状况而上涨，居民需求的变化会通过产品价格的变化传递给生产者，促使生产者根据需求调整资源配置，转变生产结构，增加适应市场需求的产品生产，最终使市场实现更高水平的均衡。产品结构的变化也会促使农业内部不同产业部门的结构发生变化，同时农业内部种植业、畜牧业、林业和渔业部门又有着紧密的联系，各部门相互作用。尤其是种植业和畜牧业，畜牧业的发展要以种植业产品为原料，同时又通过产业联系带动种植业的提升。畜牧业和种植业的融合发展能提高植物利用率，形成良性的农业生态系统。

目前备受关注的农业供给侧改革实质上就是调整农业生产结构，提高农业发展水平，形成有效供给，不仅要调整农林牧渔业的比例，也要调整各部门内部不同种类产品的比例，更要实现农业内部种植业、林业、牧业、渔业的融合发展，相互促进。在这样的背景下，探讨种植业、林业、牧业、渔业之间的相互关系和作用，并进一步探讨各部门内部不同产品对经济增长的贡献，对农业生产结构和产品结构的调整和优势产品布局至关重要。

向量自回归（VAR）模型是基于数据的统计性质建立模型，把系统中每一个内生变量作为系统中所有内生变量的滞后值的函数来构造模型，每一个内生变量都对预测和分析其他变量起作用。VAR 模型不区分因变量和自变量，而是分析所有变量之间的相互关系和影响，同时 VAR 模型的脉冲响应函数（IRF）可以分析模型中一个内生变量的冲击给其他内生变量所带来的影响，而方差分解（Variance Decomposition）则通过分析每一个结构冲击对内生变量变化的贡献度，进一步评价不同结构冲击的重要性[①]。正因如此，本书选择 VAR 模型来分析农业内部种植业、牧业、林业和渔业之间的相互关系。

灰色系统理论（Grey Theory）是由著名学者邓聚龙教授创立的一种

---

① 沈悦、李善燊等：《VAR 宏观计量经济模型的演变与最新发展》，《数量经济技术经济研究》2012 年第 10 期。

系统科学理论，其中的灰色关联分析（GRA，Grey Relational Analysis）常用来判断因素之间关联程度。灰色关联度定量地分析事物之间或因素之间的变化情况，分析事物之间或因素之间变化的大小、方向、速度等方面的关联性①。在用VAR模型对农业产业结构进行评价之后，进一步利用灰色关联分析法评价吉林省农业结构的第二个层次，即产品结构。

二　产业结构评价

实证检验的数据选择了吉林省农业总产值（AG）、种植业产值（FM）、林业产值（FR）、牧业产值（HD）和渔业产值（FI），为了剔除价格变动的影响，以1978年为基期，利用农业产值指数对所有数据进行处理，以1978年的不变价格来表示各业产值。同时为了避免不同变量之间可能存在的异方差，对所有数据进行对数化处理，分别记为LNAG、LNFM、LNFR、LNHD、LNFI。所有数据都来源于《吉林统计年鉴》。

（一）平稳性检验

由于VAR模型的建立要求序列平稳，因此首先对各个变量进行平稳性检验。这里用ADF方法对数据序列LNAG、LNFM、LNFR、LNHD、LNFI进行平稳性检验。

从表6－10可以看出，原变量单位根检验的ADF值都大于1%和5%临界值，则说明在1%和5%的水平下，原序列是不平稳的。因此，将原序列进行一阶差分后再次进行单位根检验。

表6－10　　　　原始数据的平稳性检验

变量	检验类型（C，T，P）	ADF值	1%临界值	5%临界值	DW值	是否平稳
LNAG	（C，0，9）	－0.436	－3.646	－2.954	2.044	否
LNFM	（C，0，9）	－0.889	－3.646	－2.954	2.159	否
LNFR	（C，0，9）	－0.860	－3.633	－2.948	1.626	否

① 党耀国：《灰色预测与决策模型研究》，科学出版社2009年版，第96—100页。

续表

变量	检验类型（C，T，P）	ADF 值	1% 临界值	5% 临界值	DW 值	是否平稳
LNHD	（C，0，9）	-0.737	-3.633	-2.948	1.588	否
LNFI	（C，0，9）	-1.787	-3.633	-2.948	1.461	否

注：表中 C 表示有截距项，T 代表趋势项，0 表示没有趋势项，P 表示滞后阶数，此处根据 SC 准则选择滞后项为 9。

从表 6-11 可以看出，原始数据的一阶差分是平稳序列，ADF 检验值都小于 1% 临界值，说明原始序列的一阶差分序列在 1% 的置信水平下拒绝原始假设，也就是说原始序列 LNAG、LNFM、LNFR、LNHD、LNFI 是一阶单整序列 I（1）。由于 VAR 模型是考察变量之间的相互关系，因此在建立 VAR 模型之前，对各变量进行协整关系检验，检验各变量之间是否存在长期均衡关系。利用软件 Eviews 8.0 对变量进行 Johansen 协整检验。

表 6-11　　　　一阶差分的平稳性检验

变量	检验类型（C，T，P）	ADF 值	1% 临界值	5% 临界值	DW 值	是否平稳
△LNAG	（C，0，9）	-6.743	-3.646	-2.954	2.037	是
△LNFM	（C，0，9）	-7.366	-3.646	-2.954	2.143	是
△LNFR	（C，0，9）	-4.765	-3.639	-2.951	1.826	是
△LNHD	（C，0，9）	-4.534	-3.639	-2.951	1.955	是
△LNFI	（C，0，9）	-5.219	-3.639	-2.951	1.901	是

（二）协整检验

根据前面的分析，LNAG、LNFM、LNFR、LNHD、LNFI 是一阶单整序列 I（1），符合协整检验的要求，对五个变量进行协整关系检验，检验结果如下表。

表6-12　　　　变量协整关系检验

变量组	滞后期	特征根迹	5%临界值	至多存在的协整关系个数
LNAG，LNFM，LNFR，LNHD，LNFI	(1)	101.4077	69.81889	0
LNAG，LNFM，LNFR，LNHD，LNFI	(1)	58.87661	47.85613	1
LNAG，LNFM，LNFR，LNHD，LNFI	(1)	30.46326	29.79707	2
LNAG，LNFM，LNFR，LNHD，LNFI	(1)	14.45793	15.49471	3
变量组	滞后期	最大特征值	5%临界值	至多存在的协整关系个数
LNAG，LNFM，LNFR，LNHD，LNFI	(1)	42.53111	33.87687	0
LNAG，LNFM，LNFR，LNHD，LNFI	(1)	28.41336	27.58434	1
LNAG，LNFM，LNFR，LNHD，LNFI	(1)	16.00532	21.13162	2

从表6-12协整检验的结果可以看出，无论是特征根迹检验，还是最大特征值检验，变量之间都存在协整关系。特征根迹显示变量存在3个协整关系，最大特征值显示变量存在2个协整关系。

（三）Granger因果关系检验

VAR模型一个重要的应用是分析经济时间序列变量之间的因果关系，在经济中有些变量显著相关，但未必是有意义的。Granger因果关系检验解释的是 x 能否引起 y 的变化，实质是检验一个变量是否可以被其他变量的滞后变量所解释，即加入其他变量的滞后变量是否可以提高对该变量的解释程度。在一个二元 p 阶的VAR模型中：

$$\begin{bmatrix} y_t \\ x_t \end{bmatrix} = \begin{bmatrix} \varphi_{11}^{(1)} & \varphi_{12}^{(1)} \\ \varphi_{21}^{(1)} & \varphi_{22}^{(1)} \end{bmatrix} \begin{bmatrix} y_{t-1} \\ x_{t-1} \end{bmatrix} + \begin{bmatrix} \varphi_{11}^{(2)} & \varphi_{12}^{(2)} \\ \varphi_{21}^{(2)} & \varphi_{22}^{(2)} \end{bmatrix} \begin{bmatrix} y_{t-2} \\ x_{t-2} \end{bmatrix} + \cdots + \begin{bmatrix} \varphi_{11}^{(p)} & \varphi_{12}^{(p)} \\ \varphi_{21}^{(p)} & \varphi_{22}^{(p)} \end{bmatrix} \begin{bmatrix} y_{t-p} \\ x_{t-p} \end{bmatrix} + \begin{bmatrix} \varepsilon_{1t} \\ \varepsilon_{2t} \end{bmatrix} \tag{6.1}$$

当且仅当系数矩阵中的所有系数 $\varphi_{12}^{(p)}$（$p=1, 2, \cdots, p$）全部为0时，变量 x 不是变量 y 的格兰杰原因，等价于变量 y 外生于变量 x，因此，建立VAR模型时常用格兰杰因果检验来判断哪些变量是内生变量，哪些变量是外生变量。通过前文的平稳性检验得知5个变量是一阶单整序列，因此对本检验中的5个变量的一阶差分序列进行格兰杰因果检验，检验结果如表6－13所示。

表6－13　　变量 Granger 因果关系检验

原假设	F统计量	P值	检验结果
△LNFI does not Granger Cause △LNAG	2.14669	0.1357	接受
△LNAG does not Granger Cause △LNFI	0.85016	0.4381	接受
△LNFM does not Granger Cause △LNAG	3.60068	0.0406	拒绝
△LNAG does not Granger Cause △LNFM	0.13429	0.8749	接受
△LNFR does not Granger Cause △LNAG	0.07493	0.9280	接受
△LNAG does not Granger Cause △LNFR	1.66246	0.2079	接受
△LNHD does not Granger Cause △LNAG	5.16826	0.0123	拒绝
△LNAG does not Granger Cause △LNHD	3.08635	0.0615	接受
△LNFM does not Granger Cause △LNFI	0.65726	0.5261	接受
△LNFI does not Granger Cause △LNFM	3.70930	0.0372	拒绝
△LNFR does not Granger Cause △LNFI	0.21749	0.8059	接受
△LNFI does not Granger Cause △LNFR	1.10737	0.3445	接受
△LNHD does not Granger Cause △LNFI	0.23124	0.7951	接受
△LNFI does not Granger Cause △LNHD	0.45304	0.6403	接受
△LNFR does not Granger Cause △LNFM	0.09404	0.9105	接受
△LNFM does not Granger Cause △LNFR	3.72355	0.0368	拒绝
△LNHD does not Granger Cause △LNFM	3.71635	0.0370	拒绝
△LNFM does not Granger Cause △LNHD	2.79504	0.0782	接受
△LNHD does not Granger Cause △LNFR	0.26179	0.7715	接受
△LNFR does not Granger Cause △LNHD	1.00731	0.3781	接受

注：格兰杰因果检验的滞后阶数为2，检验结果是对照5%临界值判断的。

从表6－13的检验结果看，种植业产值和畜牧业产值是农业总产值变动的格兰杰原因，而农业总产值不能格兰杰引起种植业产值和畜牧业产值的变化；畜牧业产值和渔业产值是种植业产值变动的格兰杰原因，

而种植业产值是林业产值的格兰杰原因，但林业产值和渔业产值不是引起农业总产值变动的格兰杰原因，且林业产值和渔业产值之间也不存在格兰杰因果关系，这与吉林省林业和渔业产值所占比重小，对农业产值影响不大的实际情况是吻合的。因此，在建立 VAR 模型时，将渔业产值和林业产值两个变量剔除。

（四）建立 VAR 模型

通过上面的平稳性检验、协整检验和 Granger 因果关系检验，对原变量的一阶差分序列建立 VAR 模型。将 5 个变量中对其他变量作用不明显的渔业产值和林业产值剔除，建立农业总产值、种植业产值和牧业产值三个变量的 VAR 模型。VAR 模型的滞后阶数确定很重要，滞后阶数太小可能影响估计的准确程度，太大则损失自由度。本检验根据 AIC 和 SC 准则，确定滞后阶数为 2，建立 VAR（2）模型，输出结果如下。

$$\begin{bmatrix} \triangle \ln ag_t \\ \triangle \ln fm_t \\ \triangle \ln hd_t \end{bmatrix} = \begin{bmatrix} 0.8848 & -1.0220 & -0.4013 \\ 1.4663 & -1.6964 & -0.7007 \\ 0.2458 & 0.0.0884 & 0.2267 \end{bmatrix} \begin{bmatrix} \triangle \ln ag_{t-1} \\ \triangle \ln fm_{t-1} \\ \triangle \ln hd_{t-1} \end{bmatrix} + \begin{bmatrix} 0.2147 & -0.4535 & 0.0981 \\ 0.0625 & -0.4814 & 0.0693 \\ 0.6600 & -0.2602 & -0.0602 \end{bmatrix} \begin{bmatrix} \triangle \ln ag_{t-2} \\ \triangle \ln fm_{t-2} \\ \triangle \ln hd_{t-2} \end{bmatrix} + \begin{bmatrix} 0.0976 \\ 0.1216 \\ 0.0250 \end{bmatrix} \tag{6.2}$$

VAR 模型 AIC 值和 SC 值分别为 -8.700730 和 -7.748407，模型整体效果较好。VAR 模型输出后，要对模型进行稳定性检验，只有模型是稳定的，才能保证脉冲响应函数和方差分解的有效性。这里采用 AR 根检验，如果 AR 特征方差特征根的倒数都小于 1，位于单位圆内，则说明模型是稳定的。如图 6-1 所示，这里建立的 VAR 模型所有特征方差特征根的倒数都位于单位圆内，说明模型是稳定的，因此接下来可以进行脉冲分析和方差分解。

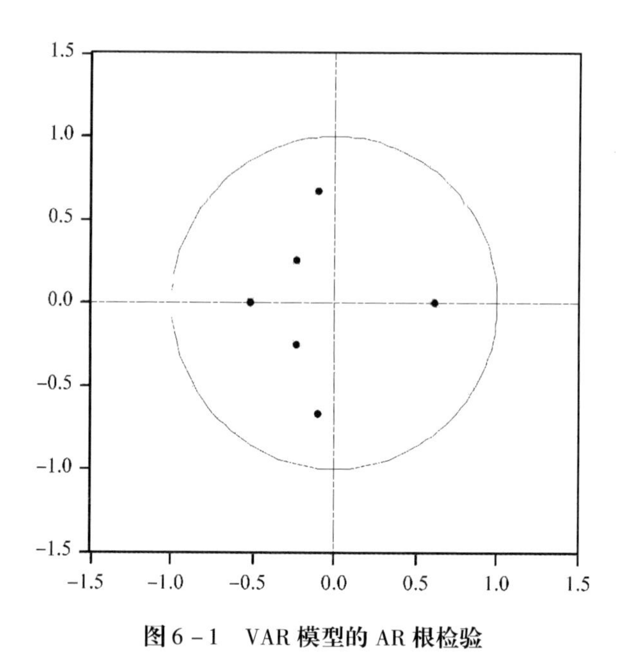

图6－1　VAR模型的AR根检验

（五）向量误差修正模型（VEC）

Engle和Granger将协整与误差修正模型结合起来，建立了向量误差修正模型。非平稳的序列之间如果存在协整关系，可以由自回归分布滞后模型导出误差修正模型。误差修正模型是含有协整约束的VAR模型，其系数矩阵反映了当变量之间偏离长期均衡状态时，将其调整到均衡状态的调整速度①。

表6－14　**VEC（1）模型的输出结果**

被解释变量	D（LNAG）	D（LNFM）	D（LNHD）
误差修正系数	－0.286488	－0.282505	0.247414
D（LNAG（－1））	0.365875	0.937119	0.346595

① 沈悦、李善燊等：《VAR宏观计量经济模型的演变与最新发展》，《数量经济技术经济研究》2012年第10期。

续表

被解释变量	D（LNAG）	D（LNFM）	D（LNHD）
D（LNFM（-1））	-0.406523	-1.027129	-0.133856
D（LNHD（-1））	-0.296611	-0.612567	0.298435
C	0.091422	0.100098	0.048499
AIC 值	-9.106021	—	—
SC 值	-8.297947	—	—
R^2	0.230096	0.262602	0.180520

通过前面的分析可知，农业总产值、种植业总产值和畜牧业总产值三者之间存在长期均衡的关系，但这种均衡并不是一成不变的。当系统受到冲击时，会对长期均衡状态造成影响，由于误差机制的存在，系统会逐步恢复到长期均衡状态。我们建立 VEC 模型，就是要考虑短期冲击对系统的影响。由于 VEC 模型检验的是原序列的一阶差分序列，因此，确定滞后阶数为 1。VEC（1）的输出结果如表 6-14 所示。从表中可以看出，模型的 AIC 值和 SC 值分别为 -9.106 和 -8.298，比较小，说明模型的整体效果较好。农业总产值、种植业产值、畜牧业产值的误差调整系数分别为 -0.2865、-0.2825 和 0.2474，前两者符合反向修正机制，畜牧业产值符合正向调整机制，三者数值接近，说明短期波动发生时，回到长期均衡状态的调整力度比较接近。

根据 VEC 模型的输出结果，矩阵形式可以表示为：

$$\begin{bmatrix} \triangle \ln ag_t \\ \triangle \ln fm_t \\ \triangle \ln hd_t \end{bmatrix} = \begin{bmatrix} -0.2865 \\ -0.2825 \\ 0.2474 \end{bmatrix} ECM_{t-1} \begin{bmatrix} 0.3659 & -0.4065 & -0.6126 \\ 0.9371 & -1.0271 & -0.6126 \\ 0.3466 & -0.1339 & 0.2984 \end{bmatrix} \begin{bmatrix} \triangle \ln ag_{t-1} \\ \triangle \ln fm_{t-1} \\ \triangle \ln hd_{t-1} \end{bmatrix} + \begin{bmatrix} 0.0914 \\ 0.1001 \\ 0.0485 \end{bmatrix} \tag{6.3}$$

（六）脉冲响应函数

在实际应用中，VAR 模型是一种非理论性的模型，对变量不作任何先验性约束，因此在建立 VAR 模型时，往往不分析一个变量的变化对另一个变量的影响如何，而分析当一个误差项发生时，或者模型受到某种冲击时对系统的动态影响，这种分析方法就是脉冲响应函数法（impulse response function，IRF）。根据建立的 VAR（2）模型，得到了三个变量的脉冲响应函数。

图6－2分别反映了三个变量之间的脉冲反映函数，分析给其中一个变量一个正的冲击时，其他变量的反应。从图6－2（a）可以看出，当在本期给种植业产值一个正的冲击后，对农业总产值有负的效应，负的效应在第2期时达到最大，而后逐渐收敛，在第3期开始对农业总产值有正的效应，正的效应在第4期达到最大，第5期时再次出现负的效应，第9期时负向效应收敛为零。从图6－2（b）可以看出，本期给畜牧业产值一个正冲击后，对农业总产值在前两期有负的效应，而后对农业总产值带来正的效应，且效应不断扩大，在第3期正的效应达到最高点，之后又出现波动，在第12期逐渐消失，收敛于零。从图6－2（c）可以看出，本期给种植业产值一个正冲击后，对畜牧业产值有负的效应，负的效应从第1期开始逐渐缩减，在第9期时收敛于0。从图6－2（d）可以看到，本期给畜牧业产值一个正的冲击，对种植业产值立即产生负的效

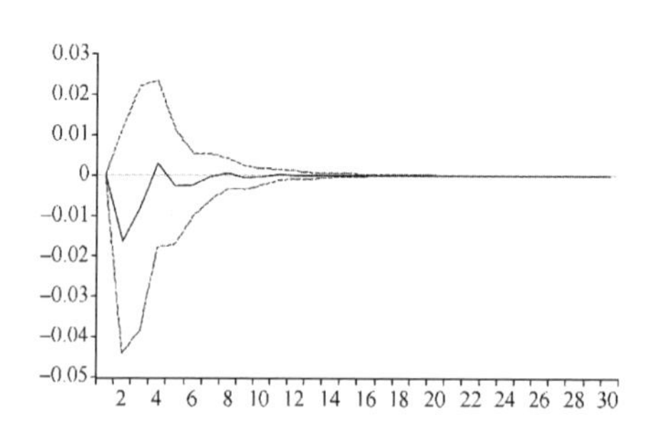

图6－2（a） 农业总产值对种植业产值冲击的响应

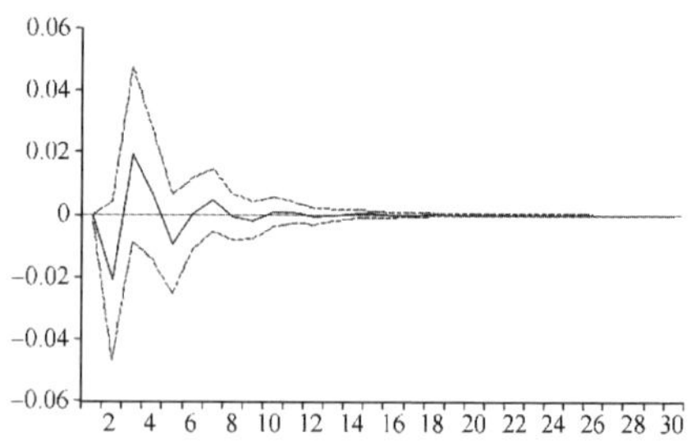

图6－2（b） 农业总产值对畜牧业产值冲击的响应

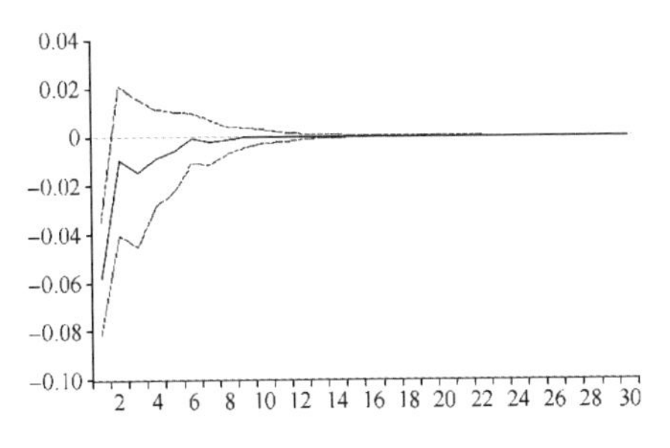

图 6.2（c）　畜牧业产值对种植业产值冲击的响应

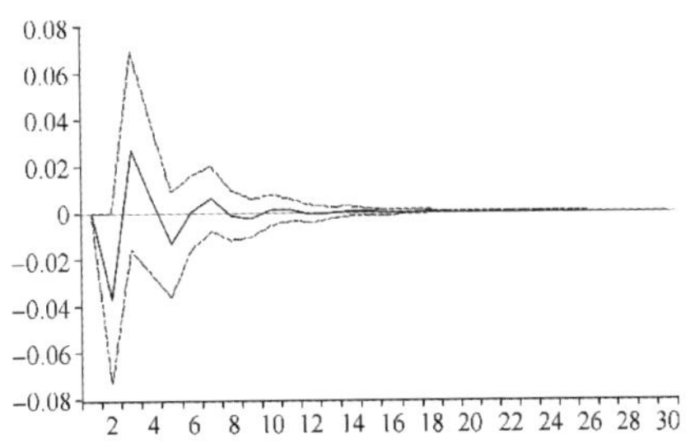

图 6.2（d）　种植业产值对畜牧业产值冲击的响应

图 6.2　脉冲响应

应，第 2 期负的效应最大，然后变为正效应，第 3 期正的效应达到最高点，之后出现波动，第 13 期时效应逐渐消失。

从图 6.2 的脉冲响应函数图我们可以看到，畜牧业在受到外部的某一冲击后，经产业链传递给农业和种植业，给农业和种植业带来的影响较大，而且这一影响具有显著的促进作用和较强的可持续性。而种植业在受到外部的某一冲击后，短期内会给农业和畜牧业造成反向的影响，长期内影响逐渐消失。但是从图中也可以看出，农业总产值对种植业和畜牧业冲击的反应波动频繁，这也说明吉林省农业、种植业、畜牧业之间并未建立起稳定的产业关联，产业之间的相互带动作用不稳固。

（七）*方差分解*（Variance Decomposition）

脉冲响应函数分析的是 VAR 模型中一个内生变量受到冲击后对其他内生变量所造成的影响，而方差分解是通过分析每一个结构冲击对内生变量变化的贡献度，进一步评价不同结构冲击的重要性。根据已经建立的 VAR（2）模型，对△LNAG 进行方差分解。

从表 6－15 的方差分解可以看到，农业总产值在第一期只受自身波动的影响，畜牧业和种植业冲击的影响在第 2 期开始显现出来。总体来看，畜牧业对农业总产值的贡献超过了种植业，且畜牧业的贡献是随着时间推移逐步提高的，在第 20 期时达到比较稳定的水平。

表6－15　　方差分解

时期	预测标准误差	DLOG（AG）	DLOG（FM）	DLOG（HD）
1	0.068200	100.0000	0.000000	0.000000
5	0.085775	82.34301	4.671081	12.98591
10	0.086357	82.13955	4.702987	13.15746
15	0.086369	82.13194	4.702260	13.16580
20	0.086369	82.13171	4.702251	13.16604
25	0.086369	82.13171	4.702251	13.16604
30	0.086369	82.13171	4.702251	13.16604

综合以上分析，吉林省农业生产中，畜牧业对农业经济增长的贡献超过了种植业，持续时间相对较长，这说明畜牧业的发展，可以通过产业链机制传导至农业和种植业，对农业和种植业具有深远的影响。同时，畜牧业的产业链较长，对产前、产后部门的带动和辐射作用很大，比种植业能够吸纳更多的劳动力。因此，可以说畜牧业的发展比种植业更能带动农业实现现代化，并可以带动更多关联产业的发展。也正因此，发达国家在以种植业为核心的农业产业体系发展到一定阶段后，大力发展产业关联度更高、比较效益更大的畜牧业，并形成从养殖场到餐桌的畜产经济体系，促进农业现代化的实现。考虑到畜牧业这种带动作用较强的特点，并结合其他国家农业结构演变的历史，畜牧业应该是吉林省农业产业结构调整的重点。畜牧业对农业和种植业虽然具有正向的带动作用，但初期波动剧烈，畜牧业和种植业之间没有建立起完善的产业联结机制，相互带动作用的发挥受到制约。

三　农产品结构评价

根据以上对吉林省农业结构的评价可知，畜牧业的发展对农业和种植业的带动和关联作用更强，同时考虑到农产品结构调整也是农业结构优化的重要内容，而本书研究的是吉林省各种农产品的比较优势，因此这里进一步运用灰色关联分析法对种植业和畜牧业内部各种产品产量的

变化对农林牧渔总产值的影响和作用进行分析。

（一）确定参考序列和比较序列

将2004—2018年吉林省农林牧渔业总产值记为参考序列（X_0），将粮食作物产量（X_1）、肉类产量（X_2）、奶类产量（X_3）、禽蛋产量（X_4）、经济作物产量（X_5）作为5个比较序列，其中经济作物产量包括油料、蔬菜、水果、烟叶和园参的产量。所有数据均来源于《吉林统计年鉴》。

（二）对序列进行无量纲化处理

初值化数据处理方法一般用于处理具有稳定增长趋势的序列，如经济序列。吉林省农林牧渔总产值和各种产品的产量都表现出了稳定的增长趋势，因此对各个序列进行初值化处理。处理后的数据如表6－16所示。

表6－16　**农产品结构序列表**

年份	X_0	X_1	X_2	X_3	X_4	X_5
2004	1	1.00	1	1	1	1
2005	1.12	1.03	1.07	1.15	1.05	1.18
2006	1.23	1.08	1.10	1.24	1.06	1.17
2007	1.51	0.97	0.95	1.27	1.19	1.31
2008	1.72	1.15	0.89	1.04	1.34	1.23
2009	1.84	0.99	0.93	1.17	1.04	1.21
2010	1.97	1.11	0.98	1.18	1.01	1.13
2011	2.42	1.29	1.00	1.22	1.00	0.89
2012	2.66	1.37	1.07	1.31	1.05	0.82
2013	2.84	1.50	1.08	1.28	1.03	0.76
2014	2.45	1.51	1.08	1.31	1.17	0.68
2015	2.44	1.58	1.07	1.39	1.29	0.61
2016	2.30	1.65	1.07	1.41	1.39	0.59
2017	2.19	1.65	1.05	1.32	1.27	0.62
2018	2.32	1.45	1.04	1.50	1.23	0.68

（三）计算关联系数和关联度

计算关联系数之前，首计算参考序列和比较序列同一时期数值的差的绝对值，然后根据关联系数的计算公式求关联系数。计算出的关联系数矩阵如表 6－17 所示。

表 6－17 关联系数矩阵

年份	X_1	X_2	X_3	X_4	X_5
2004	1	1	1	1	1
2005	1.07	0.96	0.95	0.93	0.94
2006	1.10	0.88	0.99	0.85	0.94
2007	0.95	0.60	0.76	0.74	0.84
2008	0.89	0.72	0.54	0.70	0.68
2009	0.93	0.48	0.54	0.53	0.62
2010	0.98	0.46	0.50	0.49	0.55
2011	1.00	0.38	0.39	0.39	0.40
2012	1.07	0.35	0.37	0.36	0.36
2013	1.08	0.33	0.33	0.33	0.33
2014	0.39	0.62	0.41	0.41	0.37
2015	0.39	0.39	0.43	0.44	0.36
2016	0.42	0.42	0.46	0.50	0.38
2017	0.44	0.44	0.47	0.50	0.40
2018	0.41	0.41	0.49	0.45	0.39

根据表 6－17 的关联系数矩阵，采用邓氏关联度的计算方法，求得各种农产品产量同农林牧渔总产值的关联度分别为：$\gamma_1 = 0.54$，$\gamma_2 = 0.56$，$\gamma_3 = 0.58$，$\gamma_4 = 0.5750$，$\gamma_5 = 0.5719$。因此，按照种植业和畜牧业内部不同产品结构与农林牧渔总产值关联度的大小排序为：奶类 > 禽蛋 > 经济作物 > 肉类 > 粮食作物。

（四）结果分析

从上面的分析可以看出，总体来看，畜产品与农林牧渔总产值的关联度大于种植业产品，说明畜产品产量与农业总产值的变动趋势一致性更高，对农业总产值的贡献度大于种植业，这与上面对农业结构评价的结论是一致的。从不同的畜产品种类看，奶类产量与农业总产值的相关度最高，禽蛋产量的关联度排在第二位。主要原因是研究期间内2004—2013年吉林省奶类产量增长幅度最高，从2004年的26万吨增加到2013年的48.34万吨，禽蛋总产量从2004年的95万吨增长到2017年的117.11万吨。肉类总产量2013年后逐年下降，发展受限，影响了肉类总产量对农业总产值的贡献度。

种植业产品中经济作物产量与农林牧渔总产值的关联度较高。虽然吉林省经济作物种植面积小，在农作物总种植面积中的比重低，但正如本书第四章所阐述的，经济作物经济效益高，盈利能力强，应作为结构调整的重点方向。

第五节 本章小结

本章分析了吉林省农业产业结构和产品结构，并用VAR模型和灰色关联分析法对吉林省农业产业结构和产品结构分别进行评价。通过分析可知，吉林省农业产值中种植业比重最高，畜牧业次之，林业和渔业比重较小；从就业结构来看，吉林省第一产业从业人员比重较高，但对地区生产总值的贡献率和拉动率较低。从种植结构看，吉林省以种植粮食作物为主，经济作物种植比重低。从种植业地区结构看，中部地区是粮食作物种植的中心，东部地区大豆种植比重高，西部地区油料、糖料种植比重高。从畜产品结构看，猪肉、禽肉、牛肉产量分别位居前三位，羊肉和牛奶产量较低。从畜产品地区结构看，中部地区猪肉、禽肉、牛肉生产所占比重较高，西部地区羊肉、牛奶产量比重较高。种植业产品和畜产品地区分布同具有比较优势的区域分布具有一定程度的偏离。通过农业结构评价可知，吉林省畜牧业产值对农业经济增长贡献率较高且具有持续性，种植业产值对农业总产值贡献率较低；畜牧业对种植业也有较强的带动作用。对农产品结构的评价结果显示，吉林省畜产品与农业总产值的关联度较高，种植业产品关联度较低。畜产品中，奶类产量贡献度最大，禽蛋产量贡献度第二；种植业中经济作物关联度和贡献度较大。

第七章　吉林省农产品比较优势与结构协调性分析

本书分析了同全国相比，吉林省各种农产品的比较优势。结果表明，有些农产品同全国相比具有比较劣势，但在省内不同地区之间优劣势的情况并不相同。另外，同全国相比，吉林省许多农产品具有综合比较劣势。例如，在研究种植业产品比较优势时，得出的结论是吉林省只有玉米、大豆、烤烟具有综合比较优势，其余的种植业产品都具有比较劣势，那么这些具有比较劣势的农产品是否都要缩减生产呢？按照比较优势的原则，吉林省整体上具有比较优势的农产品应该扩大生产，而具有比较劣势的农产品则应缩减生产。但在本研究中，既要考虑吉林省同全国相比农产品的优劣势情况，又要考虑不同产品之间优劣势情况的差异。这就是本章在分析吉林省农产品比较优势与结构协调性时，所要考虑的比较优势的差异情况，一个是地区层面的，一个是产品层面的。因此，根据比较优势原则进行农业结构调整，不仅要考虑到同高一级单位（吉林省同全国相比，9个地级市同吉林省相比）相比的比较优势，还要考虑到同一地区不同农产品之间比较优势的对比情况。这就是相对比较优势的分析框架。

第一节　相对比较优势与地区专业化系数

一　相对比较优势的分析框架

有学者在以往的研究中用到了相对比较优势的分析框架。钟甫宁等在研究中国种植业区域比较优势时采用了资源成本系数法（DRCC），并将各省区某种农产品的DRCC系数同本地区所有农作物的DRCC系数平均值的比例作为相对比较优势指数，以此为基础分析各省不同的比较优势①。崔振东分析延边州各地区农产品的相对比较优势，将各地区某种农产品的比较优势指数同该地区所有农产品的平均比较优势指数的比值作为相对比较优势指数。本书采用崔振东比较优势的分析方法，将吉林省及省内各地级市某种农产品的比较优势指数同该地区所有农产品比较优势指数的平均值之比作为相对比较优势指数。

具体的公式为：

$$RMAAI = \frac{MAAI}{AMAAI} \tag{7.1}$$

其中，$RMAAI$ 为相对比较优势指数，$MAAI$ 为某种农产品的综合比较优势指数，$AMAAI$ 为该地区所有农产品综合比较优势指数的平均值。

二　地区专业化系数

将农产品比较优势与地区农产品结构进行协调性分析，不可避免地要用到地区专业化系数。有关地区专业化的研究，经济学中有这样几种观点。有的认为是技术水平的差异引起的专业化（比较优势和绝对优势），有的认为是要素禀赋差异引起的各地区的专业化分工（要素禀赋理论），还有一种观点是认为追求规模经济而引起的专业化（规模经济理论）。在地区专业化的实证研究方面，学者经常用到的分析工具：一是区位熵法（Location Quotient），二是Hoover专业化系数，樊卓福2007年提出的地区专业化系数得到了广泛应用。该系数的计算方法是：

$$FR_i = \frac{1}{2}\sum_{j=1}^{n} | s_j^i - s^j | \tag{7.2}$$

$$FI_i = \frac{1}{2}\sum_{i=1}^{m} | x_j^i - x^i | \tag{7.3}$$

① 钟甫宁等：《中国种植业地区比较优势的测定与调整结构的思路》，《福建论坛》2001年第12期。

$$F_{mn} = \sum_{i=1}^{m} (FR_i \times x_i) = \sum (FI_i \times s^j) \tag{7.4}$$

其中，m 指 m 个地区，j 指 j 种产品，FR_i 是第 i 个地区的专业化系数，FI_i 是第 j 种产品的地方化系数，F_{mn}是地区专业化系数，F_{mn}既是 m 个地区的专业化系数的加权平均，也是 n 个产业专业化系数的加权平均值。肖卫东将此地区专业化系数运用到了农业地区专业化的分析当中，其中 s_i^j 指地区 i 农产品 j 的播种面积占该地区农作物总播种面积的比重，s^j 指全国农产品 j 的播种面积占全国农作物总播种面积的比重，x_i^j 指的是地区 i 农产品 j 的播种面积占全国农产品 j 播种面积的比重，x_i 指的是地区 i 农作物播种面积占全国农作物总播种面积的比重。

崔振东在研究延边州农产品结构时采用了专业化系数 SLC，其公式为：

$$SLC_{ij} = \frac{S_{ij}/S_i}{S_{lj}/S_l} \tag{7.5}$$

其中，SLC_{ij}为地区 i 农产品 j 的专业化系数，S_{ij}/S_i 为地区 i 农产品 j 的播种面积占农作物总播种面积的比重，S_{lj}/S_l 为地区 l（高一级区域，如全国之于吉林省，吉林省之于各地级市）农产品 j 的播种面积占农作物播种总面积的比重。

综合比较其他学者计算地区专业化的方法，并根据本研究的实际需要，本书在将吉林省农产品比较优势同农业结构进行协调性分析时，采用以下方法：

$$SI_{ij} = \frac{S_{ij}/S_i}{\frac{1}{n}\sum_{j=1}^{n}(S_{ij}/S_i)} \tag{7.6}$$

其中，SI_{ij}为地区 i 第 j 种种植业产品或畜产品的专业化系数，S_{ij}/S_i 为该地区第 j 种产品种植面积在农作物总种植面积中的比重，或第 j 种牲畜养殖数量在全部牲畜养殖数量中的比重。因此该公式的经济学含义是某种农产品种植或养殖规模在本地区的比重与本地区所有种植业产品或畜产品平均比重的比值。如果某种种植业（畜）产品专业化系数大于 1，则说明该产品有专业化优势，如果小于1，则不具备专业化优势。

本章将吉林省及各地区各种农产品的相对比较优势指数和该地区该农产品的专业化系数进行对比分析，来判断二者是否实现了协调发展。用专业化系数作为判断农产品结构的标准，以数值1作为分界线，如果某种产品的相对比较优势指数和专业化系数都大于1或都小于1，则说明该产品的比较优势和结构是协调发展的，反之则认为该产品的比较优势和结构是背离的。

第二节　农产品相对比较优势与结构协调性分析

根据第四章计算的吉林省各种农产品的比较优势系数以及各种农产品的种植面积和畜产品的养殖数量，并采用其相对比较优势指数（*RMAAI*）和专业化系数（SI_{ij}）进行协调性分析。

图7.1（a）表示某种农产品比较优势同其专业化系数的发展趋势是协调的，图7.1（b）表示某种农产品的比较优势与其专业化系数的发展趋势是背离的。本章分析时不仅考虑到二者的趋势是否一致，还具体计算并比较二者的数值是处于优势还是劣势。根据这个分析框架，本章检验了吉林省各种农产品的比较优势同其在整个产业中的比重是否协调，而且还检验了省内9个地级市各种农产品的相对比较优势和其专业化是

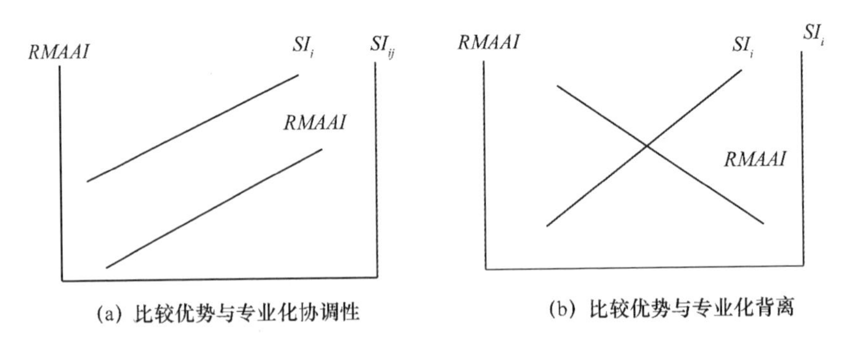

(a) 比较优势与专业化协调性　　(b) 比较优势与专业化背离

图7.1　比较优势与结构关系

否协调。图 7. 2 显示了吉林省各种农产品相对比较优势指数和专业化系数的协调状况。

1. 水稻

从图 7. 1、图 7. 2 中可以看出，2004—2006 年吉林省水稻相对比较优势指数和其专业化系数基本协调发展，从变动趋势看，2007 年以后二者发展未表现出明显的相关性。从数值看，二者十年均值都大于 1，相对比较优势指数平均为 1. 18，专业化系数均值为 1. 16。

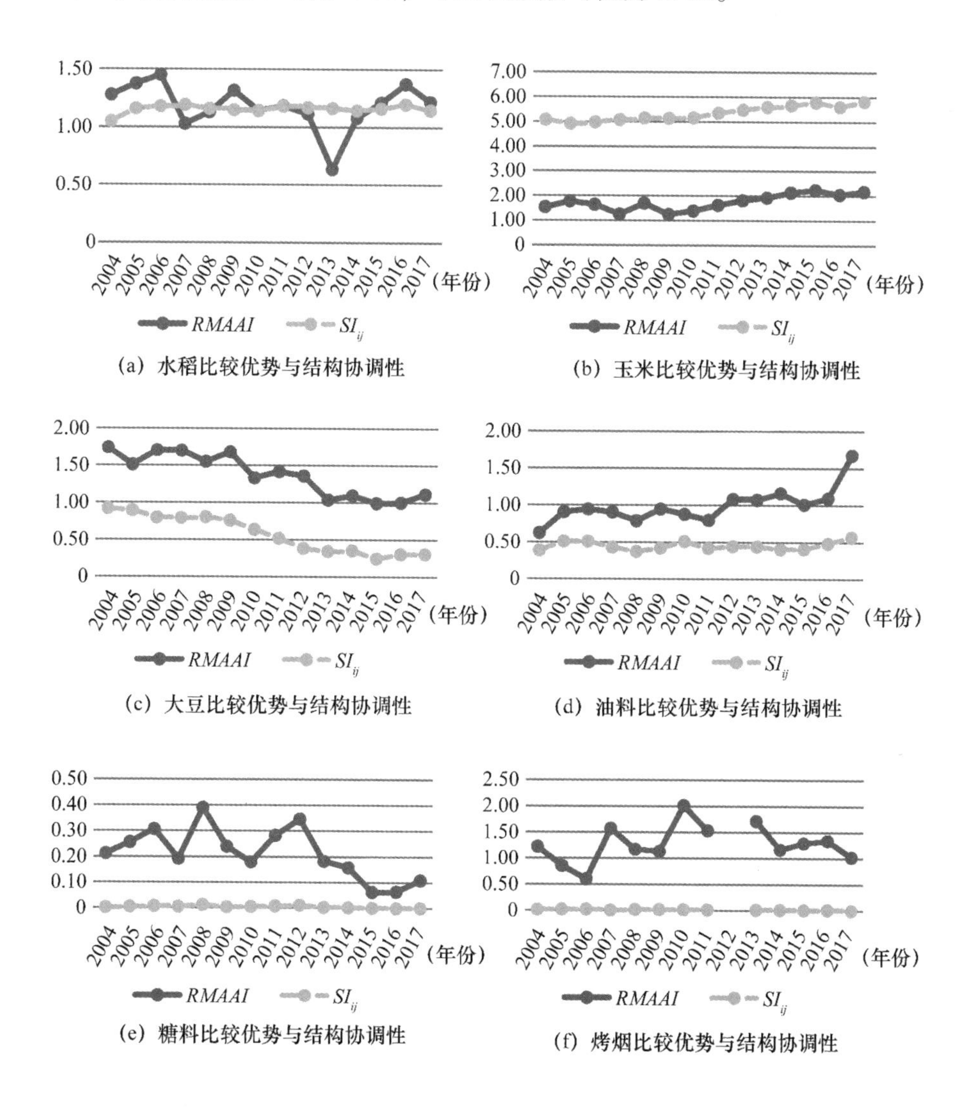

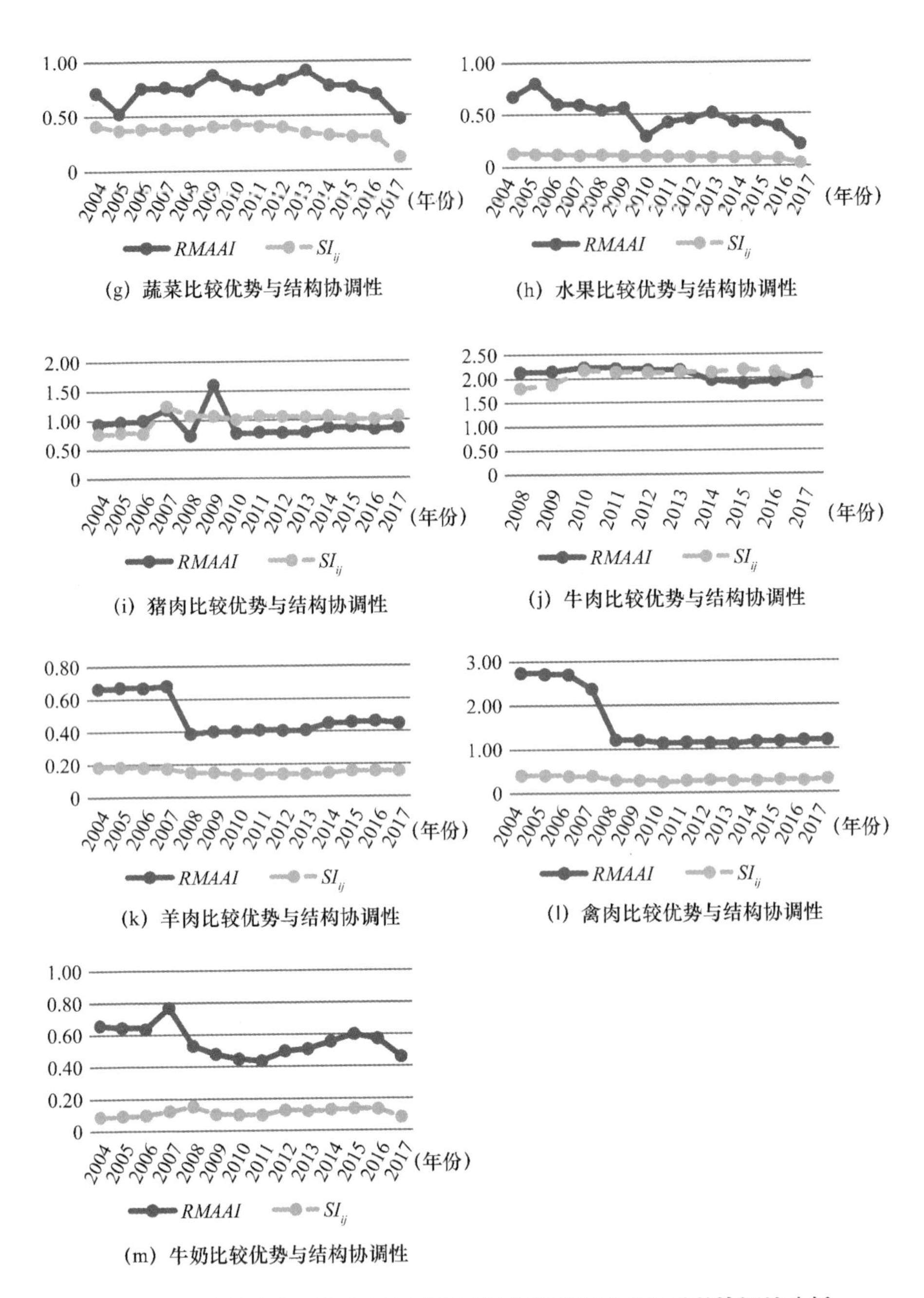

图 7.2 吉林省主要农产品相对比较优势指数与专业化系数协调性分析

2. 玉米

吉林省玉米相对比较优势指数变动趋势和专业化系数整体趋势基本一致，都呈现出整体上升的特点。2008 年以前二者变动趋势一致程度较低，2008 年以后一致程度较高。2007 年和 2009 年玉米相对比较优势指数呈现较大幅度的波动，玉米专业化系数十年间波动不明显，整体上升。吉林省玉米专业化系数远高于相对比较优势指数，前者十年均值为 1.75，后者十年均值为 5.35。这和前文研究的结论“吉林省玉米综合比较优势主要来自于规模优势”是一致的。

3. 大豆

吉林省大豆相对比较优势指数和专业化系数变动趋势基本相符，都呈整体下降态势。十年间大豆相对比较优势指数波动幅度大于专业化系数的波动幅度，专业化系数小幅波动中不断下降。大豆专业化系数低于相对比较优势指数，前者十年均值为 0.58，后者均值为 1.37，也说明吉林省大豆种植比重偏低。

4. 油料作物

除了 2010 年，吉林省油料作物相对比较优势指数下降而专业化系数提高外，其余年份油料作物相对比较优势与专业化变动几乎完全吻合，二者变动趋势的一致程度高。从具体数值看，吉林省油料作物相对比较优势指数高于专业化系数，前者十年平均值为 0.99，后者十年平均值为 0.45。说明吉林省可适当扩大油料作物种植面积。

5. 糖料作物

吉林省糖料作物相对比较优势和其自身专业化变动趋势十分吻合，只是前者比后者绝对数值高出许多。十年间吉林省糖料作物相对比较优势指数平均值为 0.21，而其专业化系数十年均值仅为 0.01，都具有劣势。

6. 烤烟

2010 年以前，吉林省烤烟相对比较优势和其专业化系数的发展相背离，2010 年以后，二者发展基本一致。从绝对数值看，吉林省烤烟专业化系数远远低于其相对比较优势指数，前者十年均值为0.02，后者均值为1.08，又因为烤烟的经济效益较高，吉林省烤烟种植面积扩大的空间较大。

7. 蔬菜

蔬菜相对比较优势和其专业化系数对比不难发现，除个别年份外，二者变动趋势基本是一致的。前者均值为0.74，后者均值为0.35。

8. 水果

吉林省水果种植绝对面积及其在农作物种植总面积中的比重在2004—2017年不断下降，相对比较优势指数十年均值为0.49，专业化系数均值为0.09，二者基本协调相对比较优势指数在2005年提高幅度较大，之后一直到2010年在波动中整体下降；2017年相对比较优势指数为0.21。专业化系数从2004年的0.13不断下降，2017年仅为0.03。

9. 猪肉

吉林省猪肉相对比较优势和专业化系数基本协调发展，虽然有些年份二者出现不一致的趋势，如2009年，吉林省猪肉相对比较优势大幅度提高，而其专业化系数却出现了小幅下降。从二者数量关系看，2007年以前吉林省猪肉生产相对比较优势略高于专业化系数，2007年专业化系数超过了相对比较优势指数，除了2009年，之后各年专业化系数稍高于相对比较优势指数。

10. 牛肉

由于数据的可得性，这里仅分析2008—2017年吉林省牛肉生产相对比较优势和专业化的协调关系。从图中可以看出，2014年以前两者协调发展的程度较高，2014年以后两者变动趋势出现一定的偏离。2008年、2009年肉牛养殖专业化系数和牛肉相对比较优势指数差距较大，2010年开始专业化系数大幅增长，之后每年略低于相对比较优势指数。

11. 羊肉

吉林省羊肉相对比较优势指数和羊养殖专业化系数基本呈现出一致

的变动趋势，但相对比较优势表现出明显的两阶段特征。2004—2007 年羊肉相对比较优势指数一直在 0.67 左右波动，2008 年急剧下降到 0.39，直到 2017 年六年间在 0.4 左右波动。而羊养殖专业化系数呈现出缓慢下降的趋势，从 2004 年的 0.18，逐步下降到 2013 年的 0.14，之后小幅回升，2017 年为 0.16。羊养殖专业化系数低于其相对比较优势指数，前者均值为 0.49，后者为 0.16。

12. 家禽

家禽养殖在农村经济发展中占有重要地位，吉林省为促进家禽养殖的发展，采取了多项政策措施。2004—2008 年，吉林省家禽养殖相对比较优势和专业化系数存在一定的偏离，2008 年后二者变动趋势基本是一致的，前者数值高于后者，前者均值为 1.19，后者十年均值为 0.31。

13. 牛奶

从变动趋势看，吉林省牛奶生产相对比较优势指数和奶牛养殖专业化系数在 2004—2013 年相背离的年份多，只有 2007 年、2009 年和 2012 年二者是呈同方向变化的，其余年份均是反方向变动，但总体趋势一致，都是先上升后下降。2014 年以后，二者变动趋势基本一致。从二者数值看，都不具备优势，相对比较优势指数高于专业化系数，前者均值为 0.56，后者均值为 0.11。

根据以上分析，将本章所研究的 13 种农产品的相对比较优势情况和专业化生产情况进行汇总，在表 7－1 中体现出来。从表中可以看出，13 种产品中，相对比较优势指数大于 1 即具有相对比较优势的产品包括水稻、玉米、大豆、烤烟、牛肉、禽肉，玉米专业化系数远远高于相对比较优势指数。相对比较优势指数小于 1 的产品包括油料作物、糖料作物、蔬菜、水果、猪肉、羊肉、牛奶。相对比较优势指数高于专业化系数的产品包括大豆、油料、糖料、烤烟、蔬菜、水果、羊肉、禽肉和牛奶；二者数值基本相当的包括水稻、牛肉；专业化系数高于相对比较优势指数的产品包括玉米、猪肉。

表7-1　　吉林省农产品相对比较优势和结构协调性分析

产品	*RMAAI* 指数	*SI* 指数	二者协调程度	二者变动趋势
水稻	1.18	1.16	协调	阶段性一致
玉米	1.75	5.35	协调	阶段性一致
大豆	1.37	0.58	背离	基本一致
油料	0.99	0.45	协调	一致
糖料	0.21	0.01	协调	一致
烤烟	1.28	0.02	背离	背离
蔬菜	0.74	0.35	协调	阶段性一致
水果	0.49	0.09	协调	基本一致
猪肉	0.93	1	背离	基本一致
牛肉	2.09	2.06	协调	一致
羊肉	0.49	0.16	协调	基本一致
禽肉	1.59	0.31	背离	基本一致
牛奶	0.56	0.11	协调	基本一致

综上所述，吉林省多数农产品相对比较优势和其结构是协调发展的，在本文研究的13种农产品中，有9种产品的相对比较优势指数和结构是协调的。从二者的变动趋势看，相对比较优势和专业化变动一致程度较高的有油料作物和糖料作物，大豆相对比较优势和专业化基本相符，水稻、玉米、蔬菜三种农产品相对比较优势和结构表现出阶段性一致的特点，烤烟相对比较优势和结构的变动趋势背离。畜产品中，牛肉、禽肉和牛奶相对比较优势和专业化系数的变动趋势一致程度较高，羊肉和猪肉生产相对比较优势和专业化系数的变动基本相符，一致程度低于牛肉、禽肉以及牛奶。

第三节　农产品相对比较优势与结构的背离及原因分析

一　农产品比较优势与结构背离的地区

从上文的分析可以看到，吉林省农业生产中农产品比较优势和结构

基本是协调的，但也存在着部分农产品比较优势和结构背离的现象。从全省看，比较优势与结构背离的农产品包括大豆、烤烟、猪肉、禽肉；从各地区看，水稻生产相对比较优势和结构背离的地区是松原市，玉米生产相对比较优势和结构背离的地区包括吉林市、白城市、通化市、延边州、白山市，大豆生产相对比较优势和结构背离的地区包括吉林市、辽源市、油料生产背离的地区包括四平市和松原市，糖料生产背离的地区包括白城市和延边州，烟叶生产背离的地区包括长春市、通化市、延边州和白山市，蔬菜生产背离的地区包括长春市、吉林市、白山市，水果生产背离的地区包括长春市、吉林市、白城市、白山市。畜产品中，猪肉、牛肉、牛奶生产相对比较优势和结构背离的地区包括松原市、白城市，羊肉生产相背离的地区包括长春市、松原市、白城市、延边州和白山市，禽肉生产相背离的地区包括长春市、吉林市和通化市。不仅如此，比较优势与其生产结构协调发展的农产品中，也有很大一部分比较优势和专业化系数的变动趋势是背离的。这种背离主要是因为农业生产中比较优势具有隐蔽性，农业生产者无法准确预测市场信息的变化及农产品流通渠道不畅造成的。

二　农产品比较优势与结构背离的原因

（一）比较优势具有隐蔽性

比较优势是指生产一种产品的机会成本（用其他产品衡量）低于另一种产品，则认为该产品是具有比较优势的；或是一个生产者生产某种产品的机会成本低于另一个生产者，则该生产者在这种产品的生产上是具有比较优势的。比较优势不像绝对优势那么明显，因此分散的农业生产者不容易发现自身的比较优势。同时由于吉林省各地区缺乏对农业生产的统一布局和规划，农业生产和计划具有盲目性；农业交通和信息网络建设落后，各地区缺乏对本区域优势农产品的正确认识，对其他地区的情况多数是从主观经验判断，这样容易造成农业生产偏离比较优势，导致各地区农业生产结构重复和趋同的后果。

（二）农业生产者预测市场价格波动的能力有限

农业生产周期较长，而且容易受到受天气、自然灾害、国外农产品价格变动等外部因素的影响；同时随着工业化、城镇化的推进和农村劳动力转移，使一部分农业生产者转变成了农产品消费者；农产品本身又是缺乏需求弹性和供给弹性的产品，需求量不会因为农产品价格降低大幅增加，农业生产者也不能根据市场价格变动迅速调整供给量，因此农产品市场上价格波动成为常态。另外，农民获得信息的渠道狭窄，农业生产者缺乏对价格的理性预期，往往根据目前的价格来进行生产决策。而农业生产周期长，目前市场价格较高的农产品未来市场供求状况难以确定。农民在市场经济中的弱势地位导致优势农产品不能顺利实现经济收益，造成本地区农业生产优势的扭曲，农业生产者对市场价格盲目、主观的预测会导致农民放弃本地区具有优势的农产品，而转向其他产品的生产，造成农产品比较优势和结构背离的现象。

（三）农产品流通渠道不畅

吉林省农产品流通建设薄弱，农民卖难、买难的问题突出。农产品流通的集约化、组织化程度低，多数仍然是以农贸集市、夫妻店为主要销售途径，销售的农产品以初级产品为主，品质良莠不齐，缺乏统一标准。另外吉林省农村经济合作组织的发展比较滞后，且主要是围绕种植业和养殖业建立的，占所有经济组织的的比例大约为80%，只有少数合作组织从事农产品加工、储运、资金互助等，合作社的作用没有充分发挥，同农民的联系也不够紧密。这种组织松散的状况使得农业生产的上、中、下有环节脱节，生产和需求脱节，单个农民在面对市场时不能够及时捕捉市场信息，缺乏谈判能力，只能被动接受运销商提出的价格，优势农产品也很难实现经济效益，影响了农业比较优势的发挥，从而导致农业生产者放弃优势产品的生产而转向其他产品。

第四节　本章小结

本章研究了全省农产品相对比较优势和专业化的协调性，并进一步

分析了各地级市农产品的协调发展状况，总体看吉林省及各地级市畜产品的协调程度高于种植业产品。种植业中，油料作物相对比较优势和专业化协调发展的地区较多，在有油料作物种植的 8 个地级市中，6 个地级市是协调发展的。蔬菜种植协调发展的地区数量仅次于油料作物，9 个地级市中有 6 个是协调发展的。烟叶、玉米、水果种植相对比较优势和专业化协调发展的地区数量分别是 4 个、4 个和 6 个。糖料作物只在 4 个地级市有种植，两个地级市协调发展，两个地级市背离。大豆虽然多数地区相对比较优势指数和专业化系数是协调的，但需要注意的是除了延边州和白山市外，其余地级市大豆的相对比较优势指数都远高于专业化系数，二者虽然都小于 1，但也存在一定程度的背离。畜牧业中，有 7 个地级市的猪肉生产、牛肉生产和奶业是协调发展的，6 个地级市禽肉生产是协调发展的，4 个地级市的羊肉生产是协调发展的。针对全省和各地区农产品比较优势和结构背离的现象，分析了原因。

本章的研究为下一章根据比较优势进行农业结构调整和区域布局奠定基础，只有充分了解了吉林省及各地级市农产品生产的比较优势状况及其同专业化协调发展的程度，才能做到有的放矢，针对性地对农业生产进行布局，提高农业资源利用效率，推进农业现代化的实现。

第八章　吉林省农产品贸易比较优势与竞争力分析

第一节　世界农产品贸易的基本格局

入世以来，我国农业开放度不断提高，国内外两个市场的相互作用和影响不断加深，任何国家和地区都必须将自身嵌入到全球农业发展中，准确把握国际农产品市场特点、研究自身农业竞争力状况以及农业开放面临的问题，灵活调整政策支持，才能顺应全球化发展的要求。

一　国际农产品供给总体表现为“需求约束”

在“生计农业”发展模式下，由于资源供给的有限性，国际农产品供需的矛盾主要是供给约束，即食物能否满足人的温饱需求。随着农业发展模式由“生计农业”转向“商品农业”，农业微观经营主体的生产规模不断扩大，资金、现代科学技术应用于农业生产，大大提高了农业生产的效率和生产力。综观全世界，相对有购买力的有效需求而言，国际农产品市场供给充裕，商业农产品交易面临需求饱和的限制性约束。根据联合国贸发组织和联合国粮农组织统计数据，长期以来全球主要农产品实际价格水平呈下降趋势，近 10 年，全球谷物库存水平始终保持在粮食安全警戒线以上。国际农产品市场需求约束具体表现在以下几方面。一是世界营养不良人口的数量下降。2002 年以来，全球营养不良人口数量从 15.1 亿降低到 2016 年的 8.15 亿，同期全球总人口数量从 62.7 亿增长到 74.24 亿。同时，全球营养过剩人口数量不断增长，根据世界银

行数据，全球5岁以下儿童超重发生率从1990年的4.9%增长到2019年的5.5%。二是长期内农产品价格下降。根据国际货币基金组织公布的数据，2010年1月至2020年4月，农产品价格指数从100.7下跌到92.8，10年多的时间跨度，全球农产品价格总体下降了7.8%。三是全球农产品贸易争端主要来源于产品过剩。多数农产品贸易壁垒都是针对本国农产品进口设置，而很少有限制农产品出口的出口壁垒。

二　国际农产品供给地区不平衡问题突出

国际农产品供需总体基本平衡，但区域性短缺和粮食不安全问题突出，粮食危机的风险始终存在。发达国家粮食生产过剩，发展中国家供应不足，年度之间粮食产量也不稳定。从供需关系看，北美洲、南美洲和苏联12国粮食产大于需，且结余量逐年增加，2018—2019年产量分别为13475万吨、14773万吨和8114万吨；北部非洲、撒哈拉以南非洲、东南亚和欧盟28国产不足需，且缺口呈扩大态势。从自给率看，北美洲、南美洲、南亚和苏联12国粮食自给率较高，基本保持在100%及以上；北部非洲和撒哈拉以南非洲，粮食自我保障能力较弱，粮食自给率全球最低，且不断下降，分别从2000—2001年的40.74%和74.30%下降到2018—2019年的38.75%和72.71%。从三大主粮品种看，玉米和大豆出口来源地均集中在美洲；小麦多数年份产大于需，出口来源地主要集中在北美洲、欧盟和俄罗斯；稻谷供求紧平衡，出口来源地主要集中在亚洲。虽然国际农产品市场在相当长时期内总体呈现供过于求的状况，但世界上大量贫困和营养不良人口，由于其缺乏必要的购买能力，其对农产品的需求不能转化为有效的市场需求，饥饿威胁仍然存在。

三　国际农产品贸易中粮食贸易所占比重较小

国际市场上粮食贸易额在生产总量中占比有限，粮食基本供给能力主要依靠国内生产来保障。全球谷物贸易占产量的比重比较低，2001—2012年基本上保持在12%—13.5%，粮食的供给主要依靠各国国内生产，世界粮食贸易仅对全球粮食供给的不足起15%的作用。据联合国粮农组织报告数据，2019—2020 年全球谷物库存消费比为 30.9%，已连续两年下降，但仍高于 17%—18% 的粮食安全标准，总体上不存在供应缺口。

从三大主粮来看，我国的粮食库存在全球库存总量中占比最高，如果把中国的粮食库存单独计算，世界其他国家的稻谷、小麦和玉米的库存消费比分别仅为 18.4%、22.2%、11.5%，低于或逼近粮食安全标准。2019 年我国三大主粮年末库存消费比超过 60%，远高于 17%—18% 的粮食安全标准。但是 2020 年上半年由于新冠肺炎疫情的影响，世界主要小麦出口国俄罗斯、哈萨克斯坦、乌克兰，主要大米出口国印度、越南等分别出台限制出台措施，限制粮食出口。因此，虽然我国粮食储备水平目前并无安全隐患，但是粮食生产也不能放松。

我国大豆的进口依存度较高，2018 年大豆进口数量和金额分别为 8803.4 万吨和 3807797.4 万美元，大豆进口量占大豆消费量的比重超过了 80%。大豆进口直接影响到国内大豆、食用油、豆粕等的价格，进一步影响饲料和畜禽产品价格。

四　国际农产品市场具有垄断性

国际农产品市场的垄断性主要体现在两个方面。一个方面，主要农产品出口来源国比较集中。2015 年全球 80.5% 的大米出口来自泰国、越南、印度、巴基斯坦和美国；56.3% 的小麦出口来自加拿大、俄罗斯、美国、法国和澳大利亚；79.4% 的玉米出口来自美国、巴西、乌克兰、阿根廷和法国；93.5% 的大豆出口来自美国、巴西、阿根廷、巴拉圭和加拿大。此外，棉花、食糖的出口市场集中度也比较高，超过 50% 的出口集中在前五大出口市场。这使得主要出口国对国际市场拥有很强的掌控能力。

另一方面，国际农产品市场的垄断性表现为四大跨国粮商垄断了全球粮食贸易。ADM、邦吉、嘉吉、路易达孚四大跨国粮商垄断了全球粮食贸易的约 80%。四大粮商积极在全球布局其产业链，嘉吉在全球 66 个国家和地区设有机构，员工 14.2 万人；ADM 在超过 75 个国家和地区

拥有265个以上的加工厂；邦吉在全球经营约400个工厂。凭借庞大的经营网络、资金优势和管理优势，四大粮商对主要大宗农产品贸易拥有了较强的掌控力。除了取得规模经营的利益之外，四大粮商还特意同各国政府保持密切关系，以巩固其垄断地位。四大粮商控制巴西大豆产业就是一个典型例子。

总体来看，世界农产品市场潜力与风险并存，中国国内对农产品的需求基本可以通过进口满足，但是在市场波动或突发事件时，短期、局部短缺的风险依然存在。国际农产品市场和供需特点决定了我们既要充分利用以满足国内短缺农产品的需求，又要防止过度依赖，还要注意风险防范。

第二节　我国农业竞争力现状

一　农业整体缺乏竞争力

我国农业整体缺乏基础竞争力，特别是大宗农产品。农业是高度依赖自然资源的产业，土地规模决定了种植业基础竞争力，进而决定了养殖业的基础竞争力。我国农业户均规模只有0.5公顷，农业经营规模大体相当于日本的1/6、欧盟的1/30和美国的1/340。即使到2050年我国农村人口减少至3亿—4亿，农业户均经营规模也只有1公顷左右，与美国、加拿大、澳大利亚、巴西等主要出口国的生产规模无法相提并论。近年来，随着劳动力、土地、环境保护、质量安全成本显性化和不断提高，我国农业基础竞争力不足的问题日益凸显，大宗农产品生产成本与瑞士、欧盟及日韩水平接近，与美加澳等主要出口国差距不断拉大。

二　农产品生产成本高企

基础竞争力不足显性化，导致生产成本在国际比较中发生逆转。美国是世界最大大宗农产品出口国，其生产成本很大程度上决定着国际大宗农产品价格，中美农业生产成本比较具有典型意义。入世时我国主要农产品成本普遍低于美国，但近年发生逆转，2015年，我国玉米、棉花、大豆的成本分别为每吨 2151 元、19928 元和 4564 元，而美国为 993. 7 元、13367. 3 元和 2274. 1 元，均大幅高于美国。

农业负担的生计成本高，农业降成本难度大。我国生产成本高于美国主要是因为劳动力成本和土地成本高。土地租金和劳动成本实际上转化成了农民收入，这是支撑我国农民生计的重要来源。因此，中美大宗农产品生产成本差异本质是两国农业所负担的生计成本存在差异，即我国大宗农产品生产成本高主要是支撑农业人口的生计成本高。据 FAO 数据，我国每公顷耕地要支撑的农业人口约 5 人、美国为 0. 014 人、欧盟为 0. 1 人，日本为 0. 6 人。此外，我国农村社会保障体系建设起步晚，农业多功能特性显著，承担着粮食安全、社会保障、环境保护及农村发展等多种非商品功能，上述功能的实现是以牺牲效率为代价的，一定程度上也削弱了我国农业的竞争力。

三　劳动密集型农产品具有一定优势

我国在劳动力密集型产品上有一定比较优势，通过适度规模经营、社会化服务、科技进步等措施提高农业竞争力仍有一定余地，但整体来看，我国农业特别是大宗农产品产业与世界主要出口国相比，基础竞争力存在巨大差距并难以改变。随着我国居民收入水平提高和农业劳动力机会成本的上升，这种差距将进一步扩大，我国农业基础竞争力缺乏、生产成本高的问题将越来越凸显。

第三节　吉林省农产品贸易竞争力分析

一　农产品贸易规模

农产品是吉林省重要的出口产品，2018 年吉林省出口总额 494435 万美元，2018 年农产品出口额 109929. 6 万美元，农产品出口占总出口的比重为 19. 67%。2019 年，吉林省农产品出口额 107335. 8 万美元，在全国排名第 15 位；农产品进口 61685. 6 万美元。

表 8－1 历年吉林省农产品进出口占进出口总额的比重

年份	农产品出口额（万美元）	农产品进口额（万美元）	出口总额（万美元）	进口总额（万美元）	农产品出口所占比重（%）	农产品进口所占比重（%）
2002	102200.00	2415	176815	193909	57.80	1.25
2003	131201.70	4348	216199	401031	60.69	1.08
2004	48361.00	18178.90	171504	507822	28.20	3.58
2005	85775.20	24215.90	246688	406149	34.77	5.96
2006	80162.50	24686.00	299668	491739	26.75	5.02
2007	88423.10	33941.40	385819	644124	22.92	5.27
2008	105941.70	43463.90	477159	856906	22.20	5.07
2009	93793.20	50689.30	313154	861590	29.95	5.88
2010	103476.20	68691.00	447640	1236997	23.12	5.55
2011	118822.10	65820.80	499848	1704894	23.77	3.86
2012	120359.90	99968.20	598269	1858902	20.12	5.38
2013	121808.90	107172.70	675701	1909553	18.03	5.61
2014	120128.50	82000.60	577771	2060045	20.79	3.98
2015	112491.20	85684.00	465382	1428458	24.17	6.00
2016	113742.60	76375.20	420568	1423678	27.04	5.36
2017	117897.70	52199.70	442764	1410232	26.63	3.70
2018	109929.60	84311.10	559000	1595000	19.67	5.29
平均	104547	54769	410232	1117119	28.62	4.58

资料来源：农产品进出口数据来源于《中国农产品进出口统计月度报告》和《中国农业年鉴》，进出口总额数据来源于《中国统计年鉴》。

吉林省农产品贸易的波动幅度较大，1993 年、1994 年，吉林省农产品出口额分别为 10.39 亿美元与 10.99 亿美元，1995 年吉林省农产品出口额急剧下降到 2.41 亿美元，下降了近 5 倍。此后农产品出口额逐渐增加，2002 年农产品出口额达到 10.22 亿美元，2003 年达到 13.12 亿美元，2004 年又出现剧烈波动，出口额下跌至 4.84 亿美元。2005 年以后，除 2009 年农产品出口额小幅下降外，其余年份逐年增长。2013 年达到了12.18亿美元，在全国排名第12位，与第一名山东省相比差距甚远。2013年山东省农产品出口总值达到了160.71亿美元，是吉林省的13倍之多。与同为东北三省的辽宁省与黑龙江省相比，吉林省的农产品出口略低于黑龙江省，仅为辽宁省的1/4。吉林省农产品进出口额在全国排名中等偏下，2018年农产品出口额和进口额分别为10.99亿美元和8.43亿美元，在全国排名均在17位。同年山东省农产品出口额174.41亿美元，是吉林省的15.8倍；辽宁省农产品出口额51.35亿美元，是吉林省的4.7倍。吉林省农产品进口相较于出口来说相对稳定，1993—2013年，除2002年、2003年急剧下降外，其余年份稳定增长，2018年达到8.43亿美元。可以看到，无论从全国排名还是同其他省份相比，吉林省农产品贸易的地位均下降了。

二　农产品贸易在进出口中的地位

吉林省农产品出口在总出口中所占比重较大，2002—2018年，在总出口中平均比重达到了28.62%。总体来看，该比重随着出口产品多元化的发展逐渐下降。1993年农产品出口额在全省出口总额中的比重达到了64.30%，2002年为57.8%，尽管该比重逐步下降，2013年仍然占比18.03%，2018年该比重为19.67%，农产品出口在吉林省对外贸易中占据重要的地位。从全国来看，2018年农产品出口在货物出口总额中的比重为3.19%，吉林省的比重远高于全国。这也说明吉林省进出口贸易发展滞后，产品结构单一。

从进口来看，2002—2018年，吉林省农产品进口在货物进口总额中的比重平均为4.58%，远低于出口比重。2002年，该比重为1.25%，除个别年份，该比重呈现整体上升的趋势，2018年为5.29%。2018年，全国农产品进口金额1371.5亿美元，货物进口总额21357.3亿美元，农产品进口在进口总额中的比重为6.42%。因此，与全国平均值相比，吉林省农产品进口比重相对较低。

三　农产品贸易竞争力分析

从全国来看，入世之后，农产品进出口贸易规模均出现扩大的态势。2002 年，全国农产品出口额 180.2 亿美元，此后逐年增长，2018 年农产品出口总额达 793.2 亿美元。2005 年，农产品进口额 286.5 亿美元，2018 年已高达 1371.5 亿美元，农产品进口额增速更快，且贸易逆差不断扩大。2005 年农产品贸易逆差 14.7 亿美元，2018 年逆差额 712.8 亿美元。与全国情况不同，吉林省农产品一直是顺差，但顺差额从 2005—2018 年，整体呈下降趋势。2005 年，吉林省农产品贸易顺差 61559 万美元，2018 年为 25619 万美元。

表 8－2　　吉林省农产品贸易竞争力指数

年份	农产品顺差额（万美元）	RCA 指数	TC 指数
2005	61559	9.75	0.56
2006	55477	8.35	0.53
2007	54482	7.64	0.45
2008	62478	7.90	0.42
2009	43104	9.18	0.30
2010	34785	7.46	0.20
2011	53001	7.51	0.29
2012	20392	6.59	0.09
2013	14636	5.93	0.06
2014	38128	6.83	0.19
2015	26807	7.83	0.14
2016	37367	7.81	0.20
2017	65698	8.02	0.39
2018	25619	6.17	0.13

资料来源：根据《中国农产品进出口统计月度报告》《中国统计年鉴》数据计算得出。

从显示性比较优势指数（RCA 指数）看，吉林省农产品出口竞争力较强，2005 年 RCA 指数为 9.75，2018 年为 6.17，虽然在此期间内呈下降趋势，但是吉林省农产品出口仍然表现出较强的竞争优势。主要原因是吉林省对外贸易整体竞争力较弱，优势产品缺乏，农产品出口在全省总出口中所占比重较高。

从贸易竞争力指数（TC 指数）看，吉林省农产品具有一定的贸易竞争力，TC 指数大于 0，但长期内也呈下降趋势。2005 年 TC 指数为 0.56，2018 年 TC 指数仅为 0.13，贸易竞争力下降。

四　农产品进出口结构分析

表 8－3 反映了吉林省主要出口农产品的出口额。从表中可以看出，粮食是吉林省主要出口产品，2005—2018 年平均出口额为 19914 万美元，是出口额最高的农产品。纵向看，吉林省粮食出口不断下降，2005 年为 49023 万美元，2018 年下降至 10034 万美元，不足 2005 年的 1/4。吉林作为粮食大省，粮食商品率在 80% 以上，粮食出口的资源禀赋较好。玉米是吉林省出口的主要粮食作物品种，粮食出口下降主要是玉米出口的减少导致的。一是国内需求增加，随着粮食加工业的发展，原本用来出口的玉米通过发展食品加工、发展饲料加工等，变成了新的工业品和畜牧业的发展原料。二是畜牧业的推进“四良四改”的养猪养鱼办法，直接消化原粮比原来增加了。在此期间国家的粮食出口政策也有了一些调整，特别是玉米出口的配额有所减少。

吉林省鲜干水果及坚果是第二大出口农产品种类，2005—2018 年平均每年出口 12710 万美元，且出口额不断增长。2005 年出口额为 4053 万美元，2018 年增至 16092 万美元，增长了近 4 倍。2015 年吉林省鲜干水果及坚果出口额超过了粮食，成为出口额最高的农产品，2016 年出口额最高，达到了 21692 万美元，其中松子是主要出口产品。

出口农产品中水海产品出口增速最高。2005 年水海产品出口额 1743 万美元，2018 年达到了 12605 万美元，增长 7 倍多。2017 年水海产品出口额达到 15497 万美元，超过了粮食出口额，仅次于鲜干水果及坚果的

出口。吉林省珲春市通过“进口—加工—出口”的方式开展水海产品贸易，成为海产品贸易发展中的一个亮点。珲春是我国“一带一路”北线重要节点城市，是距俄罗斯海产品产区的堪察加半岛海域最近的地区之一，在发展水海产品贸易上具有得天独厚的优势。俄罗斯是珲春进口海产品的主要地区，2019 年 1—8 月进口水海产品 13.2 亿元，占进口总值的 97.5%。出口以韩国为主，2019 年 1—8 月出口水产品 3.9 亿元，占出口总值的 66.6%。

表 8－3　吉林省主要出口农产品出口额　单位：万美元

年份	粮食	食用油籽	蔬菜	水海产品	鲜干水果及坚果	中药材及中式成药
2005	49023	2673	2689	1743	4053	1313
2006	18607	2896	3643	3371	7092	1572
2007	28066	4462	4495	4445	7295	2659
2008	21407	11100	6199	4875	4672	2646
2009	23634	8536	3989	4505	10244	2280
2010	15860	3650	5880	6187	12791	3009
2011	23236	6526	6065	6681	11913	4621
2012	17105	6953	5186	6208	12006	8011
2013	14822	6709	7377	6607	14909	8976
2014	16571	4654	8977	8054	14412	9850
2015	12261	4458	4856	10883	20570	5558
2016	15182	5004	3263	13026	21692	3261
2017	12986	3852	2723	15497	20196	3174
2018	10034	3512	3231	12605	16092	2599
平均	19914	5356	4898	7478	12710	4252

资料来源：《吉林统计年鉴》。

食用油籽和蔬菜也是吉林省主要出口农产品，但从出口趋势看，经历了出口额先上升后下降的过程。食用油籽出口额 2008 年最高达到了 11100 万美元，此后呈下降趋势，2018 年为 3512 万美元。蔬菜出口

2014 年最高达 8977 万美元，2018 年为 3231 万美元。

可以看出，吉林省农产品出口在发展过程中逐渐形成了自身的优势产品，水海产品、鲜干水果及坚果出口量不断增长，优势增强。在通关建设、国家进出口税收优惠、产业集群发展、加工能力提高等多种力量的共同作用下，吉林省优势农产品出口将会进一步扩大。

从进口方面看，吉林省主要进口农产品为粮食、水海产品、鲜干水果及坚果。从进口额来看，粮食是进口金额最大的农产品，同时逆差额也较大。2013 年粮食进口额最高达 84940 万美元，2016 年、2017 年进口额大幅度下降，分别为 3928 万美元、4803 万美元，2018 年增长到 36931 万美元。

水海产品的进口从 2014 年急剧增长，从 2013 年的 1857 万美元增长到 2014 年的 14676 万美元，此后继续增长，2018 年水海产品进口额 30400 万美元。鲜干水果及坚果的进口也在 2014 年出现了大幅度增长，从 2013 年的 3735 万美元增长到 15221 万美元，但 2018 年进口额下降较多，为 6024 万美元。总体来看，水海产品进口大于出口，贸易逆差，而鲜干水果及坚果出口大于进口，贸易顺差。主要出口的坚果产品为松子，体现了吉林省特色农业资源禀赋优势。水海产品、鲜干水果及坚果的贸易发展与“一带一路”倡议中吉林省对外开放程度的提高密不可分。中欧班列的运行扩大了吉林省的对外开放半径，从 2015 年开始，吉林实施国际市场开拓三年行动计划，已经与 83 个国家和地区、382 户跨国公司建立了联系，积累了大批资源。

表 8-4　**吉林省主要进口农产品进口额**　单位：万美元

年份	粮食	水海产品	鲜干水果及坚果
2005	—	1244	1564
2006	25	3339	3688
2007	17	2989	3338
2008	33554	2614	2059
2009	—	—	—

续表

年份	粮食	水海产品	鲜干水果及坚果
2010	54750	2324	2079
2011	52756	7162	3597
2012	75705	2054	7112
2013	84940	1857	3735
2014	46861	14676	15221
2015	49420	12869	15494
2016	3928	19251	14827
2017	4803	22610	17214
2018	36931	30400	6024
平均	36974	9491	7381

资料来源：《吉林统计年鉴》。

第四节　农产品贸易面临的问题和挑战

一　农产品贸易逆差不断扩大

我国加入 WTO 经过五年过渡期之后，农产品贸易自由化程度逐步提高，进出口额都出现了大幅度增长，进口增幅远超出口。2005 年农产品贸易逆差额为 14.7 亿美元，2019 年农产品出口额 785.7 亿美元，而进口额高达 1498.5 亿美元，贸易逆差 712.8 亿美元。一是我国对农产品进口保护和进口调控手段不足，进口过度问题突出。按照我国传统的将大豆和薯类计入粮食的大粮食口径，2012—2016 年，我国每年粮食产需缺口约 5000 万吨，净进口量则在 8000 万—1 亿吨，4 年累计过度进口 2 亿吨以上。年度供需失衡，不可能有空间来吸纳释放库存，给粮食去库存带来很大压力。二是棉油糖进口过度。我国棉花和食糖年产需缺口均在 200 万—300 万吨，但 2011—2015 年累计分别进口 1800 万吨和 2000 万吨，超正常产需缺口 800 万吨和 1000 万吨。2016 年在大量库存积压情况下，进口仍达到 124 万吨和 307 万吨。油菜籽和植物油进口过度导致近年收储加工的菜油积压，2015 年油菜籽临储政策不得不做较大调整。

表 8－5　**历年全国农产品贸易额**　单位：亿美元

年份	农产品出口额	农产品进口额	贸易逆差额
2005	271.8	286.5	14.7
2006	310.3	319.9	9.6
2010	488.8	719.2	230.4
2011	601.3	939.1	337.8
2012	625	1114.40	489.4
2013	671	1179.10	508.1
2014	713.4	1214.80	501.4
2015	701.8	1159.20	457.4
2016	726.1	1106.10	380
2017	751.4	1246.80	495.4
2018	793.2	1371.50	578.3
2019	785.7	1498.50	712.8

资料来源：中国农产品进出口统计月度报告。

二　贸易摩擦加剧，国际贸易环境复杂化

2008 年国际金融危机导致世界很多国家出现经济经济发展停滞，发达国家内部贫富差距扩大，阶层分化加剧，许多国家采取“以邻为壑”的政策，高筑贸易壁垒，使世界经济出现净福利损失，阻碍了全球经济复苏。出口是拉动我国经济增长的重要动力，随着世界经济地位的提高，中国成为遭遇贸易摩擦最频繁的国家之一。根据 WTO 统计，2016 年 WTO 成员发起的贸易救济调查月均数量达到 2009 年以来的最高点。其中，中国已经连续 21 年成为遭遇反倾销调查最多的国家，连续 10 年成为遭遇反补贴调查最多的国家。由于农业的特殊性和在国民经济中的重要地位，农业贸易保护成为贸易保护主义的重要领域。随着中国农业贸易额的不断增长，农产品对外依存度持续提高，国外实行的各种农产品

贸易保护措施，包括关税措施、非关税壁垒、政府采购、贸易救济措施等，严重影响了我国农产品的出口。同时，伴随着全球范围内粮食能源化、金融化愈演愈烈，非传统因素对粮食等主要农产品生产与贸易的影响日趋广泛，影响农产品价格稳定和价格波动的不确定性因素也越来越多、风险越来越大。这不仅将对中国利用国际农产品市场带来挑战，而且还会通过价格传导影响国内农业生产的稳定。

三　国内农产品市场受到冲击

2008 年国际金融危机后，受全球经济复苏缓慢影响，全球原油价格和生物能源价格下降，同时粮食供需关系宽松，国际市场农产品价格进入下行周期。与此相反，国内劳动工资水平和自然资源成本逐年上升，农产品已从低成本优势转为高成本劣势，对中国农产品竞争力造成了极大的压力。同时，中国是农产品开放程度最高的国家之一，中国农产品保护关税水平仅为 15%，是世界平均的 1/4，甚至远远低于瑞士、挪威、冰岛、日本、加拿大、欧盟等发达国家和地区（朱晶，2018）。由此形成的一个结果是进口农产品加上关税后的到岸价格仍低于国内价格，国际市场对国内农产品价格形成了“天花板”作用，农产品成本上涨的压力很难通过提高价格的途径释放。在生产成本“地板”上升和价格“天花板”封顶的挤压困境中，中国农产品进口数量不断增加，出现了很多由于国内外价差造成的“非必需进口”。

农产品进口数量增加，对满足国内农产品需求具有重要的调节作用。同时，我国进口大量的土地密集型农产品和棉花、橡胶、木材等大量原料型农产品，利用国内劳动力成本优势，加工之后再出口劳动密集型农产品，带来了一定的创造效应。然而，国内农业生产面临着较大的压力，持续增长的进口以及较低的价格压缩了国内农业生产规模，使农民增收压力增加。同时，我国进口的大宗农产品进口来源国比较集中，对国内农产品供给和安全带来了一定威胁。

国际农产品价格的波动使我国农产品面临的风险增加。我国农业生产规模小，农业组织化程度低，农产品供需平衡脆弱。由于缺少有效的关税保护，国内农产品市场与国际市场联动性较强。随着大宗农产品进口范围和进口量不断扩大，国际市场的波动性、不确定性、风险性将更加广泛更加直接地传导到国内市场，增加了保持供需紧平衡的难度，对国内市场和产业稳定发展带来挑战。

第五节　政策建议

一　提高国内农业竞争力

近年来，我国劳动力成本不断上升，而劳动生产率并未同步提高，劳动密集型农产品出口竞争力减弱。农业投入品价格逐年攀升、生态制约因素和食品安全问题凸显、农业科技驱动力不强、农村金融制度和保险制度不完善等，都导致我国农业竞争力整体性下降。

随着我国工业化、城镇化的进展，对农产品的需求在长期内将会刚性增长，同时由于国内水土资源约束和国内外农产品价格倒挂，进口农产品将会持续增长。传统意义上，农产品进口是为了弥补国内供需缺口，然而随着我国农产品市场的开放程度不断提高，进出口格局重构，农产品进口已经成为我国供给保障的重要来源。由于低成本优势，在国内农业产量不断增加的情况下，进口农产品也是只增不减，出现了“洋货入市、国货入库”的情况（朱晶，2015）。究其原因，主要是国内农业生产成本高，农产品质量与国外存在差距，削弱了我国农产品的国际竞争力。在开放背景下，我们应该改变以往的粮食安全观念，除了保证粮食产量和国内自给率以外，采取有效措施降低农业生产成本、提高国际竞争力作为保障粮食安全的重要内容。

二　开展农业适度规模经营

伴随我国工业化、信息化、城镇化和农业现代化进程，农村劳动力大量转移，农业物质技术装备水平不断提高，农户承包土地的经营权流转明显加快，发展适度规模经营已成为必然趋势。实践证明，土地流转和适度规模经营是发展现代农业的必由之路，有利于优化土地资源配置

和提高劳动生产率，有利于保障粮食安全和主要农产品供给，有利于促进农业技术推广应用和农业增效、农民增收。发展多种形式适度规模经营是降低生产成本、提高农业竞争力的重要手段。吉林省耕地553.78万公顷，人均耕地0.21公顷，是全国平均水平的2.18倍，与世界平均水平大致相当，相对丰裕的土地资源使吉林省发展农业适度规模经营具备良好的先天条件。

吉林省农业适度规模经营可以从以下几个方面着手：首先，培育新型农业经营主体。新型农业经营主体是进行规模经营和参与国际竞争的中坚力量，重点培育以家庭成员为主要劳动力、以农业为主要收入来源，从事专业化、集约化农业生产的家庭农场，使之成为引领适度规模经营、发展现代农业的有生力量。其次，加快发展农户间的合作经营。鼓励承包农户通过共同使用农业机械、开展联合营销等方式发展联户经营。鼓励发展多种形式的农民合作组织，深入推进示范社创建活动，促进农民合作社规范发展。在管理民主、运行规范、带动力强的农民合作社和供销合作社基础上，培育发展农村合作金融。最后，积极推进种养业的产业化经营。吉林省具有发展农业企业化经营的优势。2017年全国农业产业化龙头企业营业额超100亿元的有62家，吉林省有14家企业入选。农业产业化龙头企业通过参与农业产业链，可以带动农户和农民合作社发展规模经营。鼓励龙头企业等涉农企业重点从事农产品加工流通和农业社会化服务，对于深入推进农业农村改革、改变农业经营方式、优化农业结构具有重要意义。

三　延长农业产业链条

农业产品产业链是指农产品从原料、加工、生产到销售等各个环节的关联。与产业链相关的还有价值链、生产链、供应链、商品链等不同概念。尽管说法发生了变化，但其内容的实质没变，只不过从不同的研究角度对产业的联系进行阐述。2020年中央“一号文件”指出：“发展富民乡村产业。支持各地立足资源优势打造各具特色的农业全产业链，建立健全农民分享产业链增值收益机制，形成有竞争力的产业集群，推动农村一二三产业融合发展。”从实际情况来看，农业产业链条短、产品附加值低是影响农业产业竞争力不强的一个主要原因。

吉林省农业生产优势突出，特色农产品产业链发展具有较好的基础。以玉米为例，吉林省位于“黄金玉米带”，生产出的玉米容重高，食用口感好，二次加工产品产出率也相对较高。随着吉林省“长满欧”“长珲欧”等国际通道的建设及区域内交通基础设施的完善，吉林省的鲜食玉米先后出口到韩国、日本、欧洲等地。面向国际市场的吉林省玉米深加工业不断发展，除了玉米淀粉，麦芽糊精、淀粉糖、柠檬酸、玉米原油和饲料等深加工产品也深受国际市场青睐。

吉林省的另一特色产品人参，产量约为全国人参产量的85%。2020年1—7月，出口人参304.5吨，比去年同期增长45.5%；贸易额1.1亿元人民币，增长30%。人参出口量大幅增长与人参产业链向高端产品延伸有关。吉林省人参产业与企业与高校合作，推进人参深加工产品研发，针对男士保健、女士养颜、老人保养、儿童提高记忆力和免疫力等方面开发新人参粉剂制品。人参产业由粗放型原材料出口逐步转向高端产品出口转化，人参产品附加值大幅提高，2020年1—7月，吉林省人参出口价格由最低260.6元/千克，上涨到455.1元/千克。

可以看出，农业产业链条的延长可以增加农产品盈利能力、提高产品附加值。同时通过产业链条的发展，农业种植业和农业生产资料加工、农产品加工、商业流通、金融服务、科技服务、互联网等二三产业紧密联合，形成纵向延伸的产业链条和横向拓展的产业网络。产业链不断延伸和拓展的过程中，小农户、新型农业经营主体如家庭农场、企业等通过利益联结机制，形成稳定的链式关系，小农户与国内国际市场需求实现有效对接，通过订单农业、入股分工、托管服务等方式，不同加工程度的农产品打开了国内国际市场，提高了农业的整体竞争力。

四　建立健全开放型农业政策支持体系

在缺乏高关税保护情况下，加强对农业的财政支农力度更具重要意义。吉林省虽然整体上农产品贸易处于顺差地位，但近几年大豆、水产

品的进口不断增加，国内生产成本与世界主要出口国差距有扩大的趋势。农业政策支持体系的建立要从大宗农产品基础竞争力的实际出发，进一步加大对农业特别是粮食的支持力度，有效降低或弥补生产成本，确保国内生产的产品与进口产品在公平基础上竞争。要保障农民种粮务农有收益有积极性，要保证生产的农产品在市场上具有价格竞争力。

从国家层面看，要建立健全开放条件下的农业产业安全体系。要在贸易谈判中确保粮棉油糖重要农产品现有关税税率不减让、关税配额不扩大、国内支持空间不减损。要更加积极利用“两反一保”措施，推进贸易救济常态化。要借鉴国外成功经验，立足我国农业与农村经济实际情况，尽快研究建立农产品贸易损害补偿机制，对受到损害的农业产业、地区和农民提供必要补偿，帮助其调整结构和提升竞争力。

第六节　本章小结

农产品贸易在吉林省进出口贸易中占据重要地位，在贸易中所占比重远高于全国比重。因此，本章对吉林省农产品贸易竞争力进行研究。首先分析了世界农产品贸易的基本格局和我国农业竞争力现状，接着分析了在此大背景下吉林省农产品贸易竞争力、探析吉林省农产品贸易面临的问题和挑战，并针对这些问题提出了促进吉林省农产品贸易发展的政策建议，包括开展适度规模经营、延长农业产业链条，建立健全开放型农业政策支持体系等。

第九章　吉林省基于农产品比较优势的结构优化路径和区域布局

本书的第四章和第八章分别分析了吉林省各种农产品的比较优势状况和国际竞争力，第五章测算了各地区农产品比较优势的差异，第六章对吉林省农业产业结构和产品结构进行了分析和评价，第七章对吉林省农产品比较优势和农业结构的协调性进行分析，在这些分析的基础上，在本章提出吉林省农业结构优化的路径和农产品优势区域布局策略。

第一节　农业结构优化的原则

一　发挥比较优势

经过本书的研究发现，吉林省东、中、西部农业发展的自然资源条件、社会经济条件以及农产品比较优势差别较大。东部地区地势高，山地居多，矿产资源、森林资源、水资源丰富；中部地区是广阔的平原，水资源利用程度较高；西部地区地势较低，是典型的草原和湿地生态系统，生态脆弱，水资源匮乏。从社会经济条件看，中部地区人口密集，教育水平高，人才资源充足，GDP 占全省的份额较高；东、西部地区经济实力相对于中部地区较弱，从县级经济水平看，实力较强的地区主要集中在长春周边、松原地区、四平市下属的公主岭市和梨树县，以及延边州的延吉市。2018 年，全省各地区 GDP 排名中部地区的长春市、吉林市和四平市分居第 1、2、4 位，松原市居第 3 位，白山市和延边州分别居第 5、6 位；从人均 GDP 看，长春市、白山市、吉林市和辽源市分别

居第 1、2、3、4 名。从种植业看，中部地区在玉米生产和蔬菜生产上比较优势较大，东部地区大豆和烟叶生产具备比较优势，西部地区在油料和糖料作物的生产上比较优势明显。从畜牧业看，东部地区养牛业具有比较优势，中部地区生猪养殖和家禽养殖具有比较优势，西部地区养羊业和奶牛养殖具有比较优势。可以看出，吉林省东中西部经济发展差异较大，只有根据比较优势原则来调整农业结构，才能实现农业在区域内的合理分布，实现资源合理配置，形成不同地区各具特色的农业结构。

二　以市场为导向

农业生产要依据比较优势的原则进行，然而不同地区农业比较优势的实现和农业结构的调整，必须有健全的市场体制作为基础。目前中国农业生产的一个重要特点是“种粮难卖粮，丰收不增收”，这也凸显了农业生产中存在的结构问题，农业生产未根据市场需求进行，二者脱节了。吉林省作为全国粮食生产大省，这个问题尤为突出。解决这个问题的根本途径在于实现农业市场化，培育既了解市场需求又懂得科学种田的新型农业经营主体，以市场需求为导向进行农业供给侧结构性改革，推动新的经营方式与适度规模经营结合，根据市场需求安排生产，注重产品质量的提高，而不再为数量增长滥用化肥、农药、饲料添加剂等，生产真正符合市场需求的高质量农产品。市场化也有助于农产品价格机制的形成，减轻农产品收储的财政负担。

农业市场化的实现离不开农产品商品化。农业生产有其自身的特点，自足性生产和商品性生产共存，农民生产的很大一部分产品是为了满足自身的消费需求，因此在进行决策时不仅仅做出生产决策，而是同时做出生产决策和消费决策。农业生产的这种特性在很大程度上阻碍了农业商品化的实现。另外，中国目前农业生产仍然是一家一户的生产经营为主，要实现农产品商品化成本太高。根据发达国家农业发展的经验，只有通过农业产业化，通过规模生产和经营才有可能实现农产品商品化。推进城镇化，通过土地经营权流转，可以最大可能地实现农业生产经营的规模化和集约化，为农产品提高商品化程度创造基本条件。

只有实现了农业市场化和农产品商品化，才能真正提高农业生产的经济效益。农业效益的提高首先是要提高农业生产主体的经济效益，提高农民收入，其次还要树立可持续发展的观念，提高农业的生态效益和社会效益，使经济效益、社会效益、生态效益相结合。

三 促进产业融合

产业融合是指不同产业或同一产业内的不同产业部门相互渗透、相互交叉，最终融为一体，逐步形成新产业的动态发展过程①。随着农业和农村经济的发展，产业融合必将成为农业发展的新趋势。产业融合，从宏观上来讲，是促进一二三产业融合。在过去很长一段时期内，中国一二三产业的定位一直是农业服务工业，为了促进三次产业的健康和谐发展，现在已经到了工业反哺农业的阶段。从农业内部来看，产业融合指的是种植业、畜牧业、林业、渔业相互促进、共同发展，不断拓展下游和上游产业链，改变传统的以提供初级农产品为主的农业生产方式②。农业产业融合，一方面要用工业理念发展农业，依靠制度、技术和商业模式的创新来发展农业，构建农业与工业和服务业交叉融合的现代产业体系，形成三次产业同时推进、协调发展的新格局。另一方面要通过建立农产品生产、加工、物流、销售的产业链，建立农村和城镇有效沟通的渠道，促进城乡共同发展。同时，还要通过产业链将农业内部各产业部门有效联结，使农林结合、农牧结合，建设服务性农业。

四 优先发展畜牧业

根据第六章对吉林省农业产业结构和产品结构的分析和评价，可以看到吉林省畜牧业对农业、种植业的带动作用较强，贡献率较高，畜产品产量与农业总产值的关联度也较高，更应作为吉林省农业发展的重点方向。现代畜牧业不仅可以提供人民生活必需的衣、食、用等基本生活

---

① 厉无畏：《产业融合与产业创新》，《上海管理科学》2002 年第 4 期。

② 孟晓哲：《现代农业产业融合问题及对策研究》，《中国农机化学报》2014 年第 11 期。

资料，而且正逐步发展成为集养殖、加工、销售、物流为一体的综合性生产经营活动。畜牧业不仅能够提供肉、蛋、奶等生活必需的食品，还是毛纺工业、肉类及食品加工业、皮革工业、油脂工业、生物制药等轻工业原料的重要来源。此外，畜牧业可以吸收更多的农村剩余劳动力，提高农民收入，为种植业、饲料工业等提供市场。虽然吉林省畜牧业规模化养殖程度高于全国平均水平，但仍然以散养或小规模饲养为主，生产成本高，抵御市场风险的能力弱，发展现代畜牧业可以开展产业化经营，建立各种畜牧经济组织，促进畜牧业的可持续发展。

第二节　基于比较优势的农业结构优化路径

一　调整和优化种植业结构

（一）水稻

水稻是吉林省第二大粮食作物，也是需水量最大的农作物。水稻的经济效益高于玉米和大豆，综合比较优势呈微弱劣势，且相对比较优势指数和专业化系数都大于1，二者基本协调，变动趋势有一定背离。吉林省属于水资源比较匮乏的地区，且水资源的地区分布和季节分布不均匀，应不断加强农田水利建设，在贴近水源的地区推广旱田改水田，适度扩大水稻种植，提高水稻抗灾能力。同时也要看到，吉林省水土资源和自然环境优良，不仅处在世界黄金玉米带上，还与国内大米最负盛名的辽宁盘锦、黑龙江五常以及日本最著名的水稻主产区北海道处于同一纬度，盛产优质的大米。但是吉林省大米在国内外市场上的知名度不够，与黑龙江省相比差距明显。黑龙江省的“五常大米”“柳河大米”“响水大米”等都是全国知名品牌，吉林省大米却并未获得相应的地位。创立吉林省大米品牌、提高大米的附加值、发展大米加工业是提高吉林省大米竞争力的必经之路。

（二）玉米

吉林省是中国玉米主产区之一，玉米也是吉林省第一大粮食作物，种植面积广阔，单产、总产高。吉林省玉米具有综合比较优势，但主要来自规模优势，效率和效益都具有劣势，吉林省玉米相对比较优势指数也远远低于专业化指数，说明吉林省玉米种植面积偏高。在农业供给侧改革的大背景下，必须考虑到玉米库存过高及玉米收储政策改革的情况，吉林省应该缩减非优势地区玉米种植面积，同时巩固优势区玉米产能。需要注意的是，缩减玉米种植面积不应该一刀切，要对优势地区和非优势地区进行区分，对食用饲用玉米和专用玉米进行区分，对需求过剩的玉米和市场前景较好的玉米进行区分，改变吉林省玉米混种、混收、混储的现象，优化玉米品种结构。

吉林省玉米生产另一个突出问题是玉米原粮价格高，玉米深加工产品价格持续下跌，许多玉米深加工企业无法维持经营。改变这种状况，需要逐步建立玉米市场价格形成机制，降低下游玉米深加工企业的成本，加强玉米产业链管理，建立玉米生产同玉米消费、玉米加工之间的联结渠道，使玉米生产者加入到玉米产业链条中。只有树立整个玉米产业链条的理念，解决玉米市场价格倒挂的现象，才能真正发挥吉林省玉米加工业的优势，适应国际市场需求，发展外向型玉米生产。

（三）大豆

吉林省是中国大豆主产区之一，大豆也是吉林省的三大粮食作物之一，但是吉林省大豆种植在过去十年间却呈现不断下降的趋势。吉林省大豆种植具有综合比较优势，相对比较优势指数大于1，专业化系数小于1，相对比较优势和专业化背离，因此吉林省应该扩大大豆种植面积。虽然吉林省大豆同全国其他地区相比处于优势地位，但面临进口大豆的竞争，在大豆单位面积产量、抗病虫害能力、生产成本、大豆出油率等方面同进口大豆相比差距较大。作为全国兼用型非转基因大豆产区之一，吉林省应以非转基因、绿色大豆为契机，生产高品质大豆，提高大豆收益率。吉林省大豆种植的主要障碍是大豆单产低、生产成本高于进口大豆，种植大豆的农民提高收益存在困难。大豆种植要从选种开始，选用高产、高油高蛋白兼用型的种子，提高机械化水平，开展规模化种植、标准化生产和产业化经营。同时切实落实政府补贴政策，提高豆农种植的积极性。

（四）提高经济作物种植比重

吉林省经济作物种植比重偏低，而经济作物是农民收入的重要来源，每亩净利润也高于粮食作物。例如，2004—2013年吉林省烤烟、水稻、玉米、大豆的每亩净利润分别为427.07元、329.19元、109.41元和144.53元。同时通过前文对吉林省种植业比较优势和相对比较优势与专业化系数的协调性的研究发现，虽然吉林省经济作物除了烤烟外，其他作物都具有综合比较劣势，但这种劣势主要来自规模劣势，种植规模在农作物种植中比重太小，效率优势高于规模优势。而且第五章通过对吉林省农产品结构的定量分析发现，吉林省经济作物产量与农业总产值的关联度较高，因此吉林省可以扩大经济作物种植面积，提高农民收入。具体分析，吉林省油料作物规模、效率、效益都存在劣势，规模劣势最大；相对比较优势指数和专业化系数都小于1，具有劣势，变动趋势一致性较高，相对比较优势指数大于专业化系数；吉林省可适度扩大优势地区油料作物种植面积。糖料作物规模、效率和效益劣势都比较明显，效益劣势最大；相对比较优势指数和专业化系数都小于1，前者大于后者；由于全国主要糖料作物甘蔗不适合在吉林省种植，因此吉林省扩展糖料生产的空间不大。烤烟具有规模劣势、效率优势、效益优势，效益优势尤其显著；相对比较优势指数大于1，专业化系数小于1，因此吉林省可以扩大烤烟种植。蔬菜生产具有规模劣势和效率优势，规模劣势较大；相对比较优势指数和专业化系数都小于1，前者大于后者；考虑到蔬菜种植尤其是设施蔬菜的经济效益较高，远高于粮食作物，同时考虑到吉林省居民饮食结构当中蔬菜比重将逐步提高，吉林省可以扩大蔬菜种植，并大力发展设施蔬菜产业，提高农民收入。吉林省水果种植具有劣势，同时由于气候因素吉林省发展园林水果的自然环境不是很好，可以开发东部山地的特色水果种植，如蓝莓、山梨、核桃、山里红等。

二　调整和优化畜牧业结构

（一）猪肉

吉林省猪肉生产具有综合比较劣势，且产量劣势大于规模劣势；相对比较优势指数小于1，专业化系数大于1；显性比较优势指数大于1，具有出口竞争力。虽然吉林省猪肉出口有一定竞争力，但吉林省猪肉生产效率较低，根据比较优势原则吉林省不应再继续扩大猪肉生产。从第三章的分析可知，吉林省生猪养殖仍然以小规模养殖为主，生猪养殖比较分散，这样一方面导致生猪生产成本居高不下，另一方面也造成品质良莠不齐，削弱了市场竞争力。吉林省应依托本身优良的资源环境，促进猪肉养殖和加工企业的重组和整合，实行规模化生产，取得规模经济效益。同时，要大力发展高品质的绿色猪生产，建立猪肉生产龙头企业，建立猪肉品质追溯体系，提高猪肉生产的市场占有率。

（二）牛肉

吉林省牛肉生产具有规模优势、效率优势和综合比较优势，且牛肉综合比较优势在所有畜产品中是最显著的；牛肉的相对比较优势指数和专业化系数都大于1，二者相当，协调程度较高；从出口看，吉林省牛肉出口竞争力指数在畜产品中也是最高的；从需求看，牛肉需求量上涨的空间较大。因此，吉林省应扩大肉牛养殖和牛肉生产，促进牛肉出口，发展外向型肉牛产业。

吉林省位于东北优势肉牛产区，饲草、饲料资源丰富，具有发展肉牛产业的优越条件。吉林省肉牛品种主要有地方品种延边黄牛、培育品种草原红牛和中国西门塔尔牛、引进品种西门塔尔牛、夏洛来牛、利木赞牛、安格斯牛、皮埃蒙特牛、英短角牛等，东中西部肉牛饲养品种各不相同，中部以养殖肉牛及乳肉兼用型牛为主并有肉牛龙头企业皓月集团、东部延边黄牛及长白山黑牛、西部草原红牛及乳肉兼用型牛。从本文前面的分析可知，吉林省虽然肉牛养殖规模优于其他肉牛生产优势地区，但仍然以9头以下养殖户（场）为主，因此，吉林省可以扩大肉牛养殖户（场）的规模，加强肉牛加工企业和养殖户之间的合作，将分散的肉牛养殖户整合建设成现代化的肉牛养殖场。同时利用粮食大省的优势，实现种植—养殖一体化，根据吉林省肉牛生产的实际情况探索适合的肉牛养殖模式。

（三）羊肉

吉林省羊肉生产不具备规模优势和效率优势，综合比较优势指数也小于1；相对比较优势指数和专业化系数也都小于1，前者大于后者。根据比较优势原则，吉林省应缩减非优势地区肉羊养殖和羊肉生产，提高优势地区羊肉生产的质量和效率。吉林省肉羊养殖主要分布于白城市和松原市，2009—2013年两地区羊肉产量占吉林省羊肉总产量的比重达到了57%。白城市和松原市草地资源丰富，具有发展肉羊养殖的优越条件，应探索养殖的合理化发展模式，采取多环节养殖配合，即农户负责繁育羔羊、合作社和专业养殖大户负责育肥、加工企业负责屠宰和深加工。养羊业的发展还需要政府的政策支持，如提供良种补贴、技术培训与指导、提供市场信息等。

（四）禽肉

吉林省禽肉生产具有综合比较优势，规模和产量也处于优势地位；相对比较优势指数大于1，折合的专业化系数小于1；出口竞争力指数为0.3，具有劣势。吉林省居民禽肉消费量增长较快，仍然有较大的增长空间。因此，吉林省可以适度扩大禽肉生产规模，集中优势地区的禽肉生产。吉林省家禽养殖主要是肉鸡养殖，规模化养殖比例高于全国平均水平，发展规模化养殖的基础较好。吉林省家禽养殖应加大科技投入，促进集约经营，规模化养殖加上科技投入可以降低生产成本，提高经济效益。同时，规模化养殖可能造成粪便排放较多，为了保护生态安全和家禽养殖的可持续发展，要做好粪便利用，减少环境污染。

（五）牛奶

吉林省奶业劣势比较明显，综合比较优势指数仅为0.46，规模优势指数和效率优势指数分别为0.49和0.43；相对比较优势指数和专业化系数都小于1，变动趋势基本一致，因此吉林省不存在扩大牛奶生产的优势；吉林省奶类产品需求严重不足，低于全国平均奶类消费水平。吉林省奶牛养殖和牛奶生产集中于白城和松原两市，两市奶牛养殖和牛奶产量占全省的比例都超过了50%。2014年和2015年全国多地出现的奶农“杀牛倒奶”时间凸显出了奶业发展中的问题。一个问题是奶牛养殖规模化程度不够，不论是吉林省，还是其他奶牛养殖主要省份，奶牛养殖1—4头的养殖户仍然占大多数，分散的小规模养殖削弱了奶农养殖户（场）的抗风险能力，也缺乏掌握市场信息、预测市场需求和风险的能力。现存的奶农合作社也只是形式上进行合作，缺乏真正的合力。另一个问题是现行的“公司＋农户”的奶业发展模式虽然在一段时间内收到了较好的成效，但由于奶企和奶农之间的矛盾，分散的奶农在和奶企谈判时处于弱势地位，这不利于奶业的持续健康发展。因此，吉林省奶业发展主要应发挥市场机制优胜劣汰的作用，逐渐淘汰竞争力弱的奶牛散养户，发展奶牛规模化养殖，引进先进的技术和养殖理念，实现职业化、标准化和集约化养殖。同时加强奶牛大户、养殖场之间的合作，提高奶农组织化程度。

第三节　基于比较优势的农产品区域布局

农产品区域布局是在经济发展过程中逐渐形成的，区域布局和区域分工既有历史的原因，也是经济因素、社会因素、自然资源因素等共同作用的结果。从本书前面几章的分析可以看到，吉林省不同地区自然资源和地理环境大不相同，农业生产的优势状况迥异，按照比较优势的原则在省内进行不同农产品的区域布局至关重要。根据吉林省不同地区的自然条件和农产品生产的优势状况，提出不同农产品在全省范围内的分布建议。

一　种植业产品优势区域布局

吉林省种植业是农民收入的主要来源，分析不同地区种植业优势、促进种植业向优势区域集中，对于推动区域经济发展、实现种植业的适度规模化、标准化种植，实现农业现代化、机械化都有重要意义。

（一）水稻优势区域布局

吉林省水稻总产在全国水稻总产中所占比例并不高，2013年仅为2.77%，水稻产量同其他水稻生产大省相比相差甚远。不过东北粳稻口

感优良、营养丰富，除了满足本地居民消费需求之外，还深受全国各地消费者欢迎。虽然水稻需求趋势相对稳定，但对优质稻米的需求将随着收入的增加而上涨。吉林省种植粳稻的自然条件好，水土资源纯净。水稻是需水量最大的农作物，水稻种植结构调整不仅要考虑到比较优势，还要根据本地区的水资源条件进行。

吉林省水稻重点区域分布于长春市所属的榆树区、九台区、德惠区和双阳区，吉林市所属的舒兰市、永吉县、吉林市昌邑区以及磐石市，通化市水稻种植具有相对比较优势，水稻种植重点区域是梅河口市、柳河县和辉南县。白城市和松原市虽然水稻相对比较优势指数大于1，但由于这两个地区水资源贫乏，不建议扩大水稻种植。延边州虽然水稻种植面积不大，2009—2013 年水稻种植面积平均为 40.52 千公顷，占全省水稻种植总面积的比重为 5.88%，但延边州大米品质优良，食味上佳，色泽莹白、透明度强、软硬适中、黏性适度，2006 年国家质检总局批准对延边大米实施地理标志产品保护。延边州境内水资源丰富，自然环境无污染，可集中生产优质粳稻。吉林省水稻生产重点区域要充分利用优越的自然环境，开发有机大米、绿色大米等高端大米市场，引进先进技术生产大米精深加工产品，走高售价高利润的道路。吉林省生产的优质粳米与俄罗斯、日本、韩国食用口味相近，地理位置临近，运输成本低，可出口到这些国家。

（二）玉米优势区域布局

吉林省是玉米主产省份，玉米生产相对比较优势指数大于 1 的地区包括长春市、四平市、辽源市和松原市，可以看出，吉林省玉米生产主要位于中部地区。但是需要注意的是，吉林省玉米生产相对比较优势地区的玉米专业化系数都较高，远远超出了相对比较优势指数，在国家提出的农业供给侧结构性改革以及适当调减非优势区玉米种植面积的大背景下，吉林省应减少玉米种植，着力建设重点区域的玉米生产能力建设，进行集约化、标准化生产。重点区域包括以松辽平原“黄金玉米带”为核心的榆树、九台、农安、德惠、双阳、公主岭、梨树、伊通、双辽、东丰、东辽、扶余、前郭、长岭、乾安等。其余地区应适当缩减玉米种植面积，同时促使玉米生产向优势地区集中，提高产业聚集度。吉林市、白城市、通化市、延边州和白山市等玉米生产相对比较优势指数小于1，处于劣势地位，而专业化系数大于1，应适当调减玉米种植面积，改种其他经济效益更高的产品。

（三）大豆优势区域布局

吉林省大豆种植相对比较优势比较显著的地区包括延边州、白山市、吉林市和辽源市，这四个地区大豆种植相对比较优势指数均大于1，延边州优势最大。辽源市耕地面积有限，扩大大豆种植的空间不大。根据农业部《大豆优势区域布局规划（2008—2015年）》，将吉林省大部划为兼用大豆优势产区，生产的大豆既可用于满足周边地区居民豆制品的需求，也可用于榨油。吉林省大豆种植比较集中，一半左右位于延边州，20%左右位于吉林市，拥有大豆规模化经营的基础。大豆种植重点区域应包含延边州下属的敦化市、汪清县、安图县，吉林市所辖的蛟河市、桦甸市、舒兰市，白山市所辖的抚松县、靖宇县。长春市所辖的榆树区、农安区、德惠区、九台区、双阳区，四平市所辖的公主岭、梨树、伊通等市县也可以适度扩大大豆种植。

（四）经济作物优势区域布局

1. 油料作物

吉林省经济作物主要有油料作物、糖料作物、烟叶、蔬菜和水果，油料作物主要分布于松原市和白城市，四平市也有一定种植，优势地区为松原市和白城市，四平市虽然油料作物不具备综合比较优势，但相对比较优势指数大于1。松原市油料种植相对比较优势指数大于1，专业化系数小于1，白城市相对比较优势指数和专业化系数都大于1。松原市的扶余市、长岭县和前郭县，白城市的通榆县、洮南市、洮北区和大安市，四平的双辽市应作为吉林省油料作物产业带加以布局。在农业部发布的《特色农产品区域布局规划（2013—2020年）》中，划定的吉林省向日葵优势地区包括通榆县、长岭县、洮南市、大安市、前郭县、镇赉县、洮北区和乾安县，和西部地区油料作物主产地基本一致。其余地区油料作物种植不具备优势，可适当缩减种植面积。

2. 糖料作物

糖料作物主要集中分布于松原市、白城市和延边州，优势地区是白城市和延边州。白城市糖料作物相对比较优势指数为1.5，专业化系数为0.15；延边州相对比较优势指数和专业化系数分别为1.1和0.008。糖料作物（甜菜）重点发展区域为白城市的通榆县、大安市和延边的敦化市、珲春市和安图县。

3. 烟叶

烟叶种植主要分布于长春市、延边州、白城市和通化市。烟叶种植优势区域为通化市、延边州、白山市和长春市。长春市、通化市、延边州烟叶种植相对比较优势指数大于1而专业化系数小于1；白山市两个指数都小于1。长春市的农安县，通化市的辉南县、柳河县，白城市的镇赉县、大安市和延边州的敦化市、和龙市、汪清县应作物烟叶种植重点区域。

4. 蔬菜

蔬菜种植集中分布于中部的长春市、吉林市、四平市和西部的松原市，优势地区为长春市、吉林市和白山市。三市蔬菜种植都表现为相对比较优势指数大于1，专业化系数小于1，因此存在扩大蔬菜种植的空间。长春市的农安县、九台区、榆树市和德惠市，吉林市的蛟河市、桦甸市、舒兰市、磐石市和龙潭区，白山市的八道江区、临江市应作为蔬菜重点发展区域。白城市下属的洮南市辣椒品质良好，在国内享有良好声誉，同时面向高端市场，依托以吉林省金塔实业（集团）股份有限公司、爱迪尔生物工程科技公司和沃源食品公司三家龙头企业，开发辣椒的精深加工产品，应作物辣椒产业的重点发展区域。

5. 水果

水果种植集中分布于中部的吉林市、长春市、四平市，西部的松原市和东部的延边州，优势地区包括吉林市、白山市、延边州、通化市、白城市、和长春市，相对比较优势指数大于1的地区包括长春市、吉林市、白城市和白山市，共同的特点是相对比较优势指数大于1而专业化系数小于1。吉林市和长春市主要是园林水果种植，包括苹果、梨、葡萄；白城市主要是西瓜产业，洮南市黑水地区属洮儿河和霍林河冲积扇，土壤类型为淡栗钙沙壤土，土地疏松、土质肥沃，通透性好，地表温度高，独特的地理环境十分适合西瓜种植，2008 年洮南西瓜被国家工商总局批准为“洮南黑水西瓜”地理标志商品；白山市野生水果资源丰富，并开发了蓝莓、树莓、黑加仑、灯笼果等水果种植，提高了农民收入。水果种植区域布局上可以将长春市的农安县、九台区、榆树市和德惠市，吉林市的蛟河市、桦甸市、磐石市和龙潭区作为园林水果重点区域；将白城市的洮南市作为瓜果生产重点区域；将白山市的江源区、抚松县和临江市作为特色水果种植重点区域。

二　畜产品优势区域布局

吉林省畜牧业优势区域分布东、中、西划分明显，东部肉牛养殖优势显著，中部在生猪和家禽生产方面具有优势，西部羊和牛奶优势明显，因此这部分主要分东、中、西三部分来研究吉林省畜牧业的区域布局和规划。

（一）生猪优势区域布局

虽然吉林省生猪产业不具备综合比较优势，但在 9 个地级市中，中部的长春市、吉林市和四平市生猪养殖和猪肉生产具有绝对优势，排在前三位。但长春市猪肉生产不具备综合比较优势，吉林市和四平市具有综合比较优势。从相对比较优势指数看，三市猪肉生产都具备相对比较优势，专业化系数大于 1，二者协调发展。从不同的县市看，长春的农安县、榆树市、德惠市、九台区，吉林的舒兰市、磐石市，四平的公主岭市、梨树县、伊通县是猪肉生产优势地区。而且农安县、榆树市、公主岭市、梨树县、德惠市、九台区、舒兰市还是《全国生猪优势区域布局规划（2008—2015 年）》优势区域，本身发展生猪产业的基础较好。因此可以利用中部地区优越的条件，构建生猪产业带，提高生猪生产能力。东部地区虽然猪肉生产不具备优势，但自然植被多样，森林资源、水资源丰富，水质优良无污染，可以依托长白山黑猪等地方猪品牌，发展绿色猪养殖，获得比普通猪肉更高的利润。

（二）肉牛优势区域布局

吉林省肉牛养殖数量和牛肉产量较高的地区是长春市、四平市和吉林市，但具有综合比较优势的地区包括延边州、白山市、通化市，中部的辽源市肉牛养殖也具有综合比较优势。这种绝对优势和比较优势背离的原因是中部地区生猪产业和家禽养殖比重较高，而东部地区畜牧业整体发展滞后于中部地区，肉牛生产在畜牧业中比重较高。

中部肉牛生产优势区域包括长春地区的榆树市、德惠市、农安县和九台区，四平地区的梨树县、伊通县、双辽市和公主岭市，吉林地区的蛟河市、桦甸市和舒兰市，这些地区的肉牛生产特点是具备绝对优势但缺乏比较优势。这些地区主要肉牛品种包括西门塔尔牛、利木赞牛、夏洛莱牛等，牛肉加工龙头企业带动作用强，今后发展重点是全面推广秸秆青贮技术、规模化标准化育肥技术等，努力提高育肥效率和产品的质量安全水平。

东部地区的延边州、白山市和通化市以及中部辽源地区的东丰县和东辽县，特点是缺乏绝对优势却具有比较优势。东部三市的主要肉牛品种是延边黄牛，肉质细嫩、汁多味美，柔软适口，是延边州“地理标志”产品，经济价值较高，属于高档肉品，除了本地消费外，还出口到俄罗斯、韩国、日本。东部地区可以扩大肉牛养殖规模，加强肉牛良种培育，创建高端牛肉品牌。肉牛产业的发展一方面要保护好延边黄牛、草原红牛等地方良种品牌，同时还要利用引进肉牛培育优质肉牛新品种。

（三）肉羊优势区域布局

吉林省肉羊生产优势地区包括松原市和白城市，两个地区综合优势指数较高，延边州和白山市也有微弱的优势。四个具有综合比较优势的地区共同特点是相对比较优势指数大于1，专业化系数小于1，尤其是松原市和白城市，羊肉生产相对比较优势指数分别为1.98和1.76，专业化系数分别为0.54和0.77，因此这两个地区扩大肉羊养殖的空间较大。《全国肉羊优势区域布局规划（2008—2015年）》将白城市的大安市、镇赉县、通榆县和松原的长岭县作为全国肉羊优势产区，两市的通榆县、乾安县、扶余市、洮南市、镇赉县、洮北区和长岭县还是中国细毛羊优势产区。第四章的分析表明，吉林省养羊业仍然是1—29只的养殖户占一半以上，因此吉林省西部地区养羊业可以扩大养殖规模，提高良种繁育率，合理利用本地丰富的草场资源，科学规划，保证草场的可持续发展。

（四）禽肉优势区域布局

禽肉生产优势地区包括中部的长春市和吉林市，东部的通化市禽肉生产也具备综合比较优势。三个优势地区共同特点是禽肉生产相对比较优势指数大于1而专业化系数小于1，都具有扩大家禽养殖的空间。长春市和吉林市禽肉生产既有比较优势又有绝对优势，通化市只有比较优势不具备绝对优势。长春地区的农安市、德惠市、榆树市是禽肉生产的优势地区，吉林地区的舒兰市和磐石市是家禽养殖优势地区，四平市虽然禽肉生产不具备比较优势，但是禽肉生产在9个地级市中名列前茅，双辽市和梨树县禽肉产量较高，因此中部地区可以构建禽肉生产带，发挥德惠德大等企业的带动作用，进行产业链条的优化。建设标准化养殖小区，推进规模化养殖，提高畜禽良种化率，规范生产，提高畜禽产品质量。通化市畜禽养殖优势地区为梅河口市、辉南县和柳河县。

（五）牛奶优势区域布局

从全国范围看，吉林省牛奶生产不具备优势，但省内优势地区是松原市和白城市，两个地区的牛奶生产相对比较优势指数都大于1，专业化系数小于1，且吉林省人均牛奶消费量低于全国平均水平，人均原料奶占有量较低，牛奶消费增长的空间较大，因此可以扩大奶牛养殖规模。白城市的洮南市、通榆县和洮北区，松原市的前郭县、长岭县和扶余市牛奶产量较高，是牛奶生产优势地区。松原市和白城市草场资源丰富，生态环境好，具备发展奶牛养殖的良好条件。松原市和白城市应树立可持续发展的观念，建设草原生态畜牧业，防止并治理草原退化；同时要制定科学的奶牛饲养方案，保证牛奶质量安全；开展集约养殖，降低养殖成本。

第四节　政策建议

一　提高吉林省农民组织化程度

目前农业生产仍然是以家庭经营为主要形式的分散经营模式，农民组织化程度低，分散的小农户很难与市场形成对接。吉林省农村经济合作组织虽然发展速度加快，但同其他比较发达的省份相比，仍然比较滞后。目前，吉林省建立的农村合作组织有5000多家，平均每2.2个村有一个农民合作组织。而且从合作组织的性质看，吉林省农民经济合作组织主要是围绕种植业和养殖业建立的，占所有经济组织的比重大约为80%，只有少数合作组织从事农产品加工、储运、资金互助等。总体来看，吉林省农村合作组织规模小，实力弱，合作社的作用没有充分发挥，同农民的联系也不够紧密。这种组织松散的状况使得单个农民在面对市场时往往单打独斗，缺乏谈判能力，不能够及时捕捉市场信息，影响了农业比较优势的发挥，也不利于供给侧的农业结构调整。比较优势相对于绝对优势更难于被发现，如果依靠农户自身发现比较优势并根据比较优势的原则进行生产则是难上加难。以农业合作社为代表的各种农业经济组织是农民为了共同的目标，采取各种灵活的形式自愿组成的有效的经济组织。农业经济组织与分散的小规模生产相比，可以解决小农户与大市场的矛盾，发挥自身比较优势、优化资源配置，提高农民抵御自然风险和市场风险的能力。同时，小规模的农户经营在市场中的谈判能力较低，具体表现为在购买一家一户所需农业生产资料时难以获得优惠的价格，在销售农产品时也很难掌握价格话语权。农业经济组织可以提高农民的谈判能力，在市场竞争中处于有利地位。同时农业经济组织通过集体购买大型农机设备还可以提高农业机械的利用率，获得规模经济效应，降低生产成本。吉林省人均土地占有量远远高于全国平均水平，通过城镇化和土地流转等实现规模经营的基础较好，可以考虑通过建立农业经济合作组织来提高农业生产和经营水平。

二　完善吉林省土地流转制度，降低农业生产成本

目前农业生产中一个重要的问题是农业生产成本高，以小规模家庭经营为主，不利于农业机械化的推行，农业比较优势不能够充分发挥出来，因此通过土地流转实现农业规模化生产是十分必要的。土地流转是实现农业现代化和规模化经营的基础和前提，对于优化农村土地资源配置，提高土地规模收益，增加农民收入具有重要意义。吉林省农村土地流转起步较晚，在国家免征农业税政策实行之后有较快发展，农村土地流转以自发流转为主，流转之后的土地主要用于粮食作物种植，但用于非种植业的比重在不断提高。目前吉林省尚未建立起进行土地有效流转和兼顾统筹各方利益主体的机制，有关农村土地流转的法律较为薄弱。因此，应加快建立农村土地流转的相关法律制度，并做好土地流转后农村富余劳动力的就业和安置工作，促进农村第二、第三产业发展，增加就业机会，同时对农村劳动力进行培训，提高就业能力。

三　加强吉林省农业基础设施建设

（一）建立现代农产品流通体系

现代农产品流通体系是由现代化市场主体、市场体系、物流体系、相关与支持性产业及规范农产品流通的各种规章制度所组成的相互联系的有机整体。目前，农产品批发市场、城乡集贸市场等仍然是吉林省农产品流通的主要渠道，一些新的现代流通主体如配送、超市、卖场等发展迅速，但仍然以传统的流通渠道为主。吉林省农产品市场流通主体，如农民经纪人、运销商、农产品经营企业等比较分散、规模小，不能满足现代农产品流通的需要。同时吉林省农产品市场基础设施建设落后，流通环节中许多重要节点如加工配送、冷藏冷冻、冷链运输、包装仓储的发展不完善。应采取措施加强农产品流通基础设施建设、减少流通环节、培育成熟的市场主体，同时发挥政策引导和金融支持作用，建设公益性农产品市场体系，使农产品能够货畅其流，形成布局合理、产销衔接的农产品流通体系。

（二）建立农业市场信息系统

农产品结构性过剩的一个重要原因是农业生产者对市场信息的掌握不够全面和及时，农产品市场不同主体之间信息不对称，包括农资供应商和农产品生产者信息不对称、农产品生产者和产品消费者之间的信息不对称、农产品经销商（加工商）和消费者之间的信息不对称以及政府和农产品市场各主体之间的信息不对称等。吉林省的农业市场信息系统尚不健全，分散化、小规模、组织程度和文化水平较低的农民一方面不具备全面及时获取信息的能力，另一方面也缺乏获取信息的畅通的渠道。这造成了农业生产者无法根据市场变化及时调整生产方向，农产品消费者也缺乏对农产品质量安全信息的客观了解。由此导致优势优质农产品无法在市场上获得相应的高价，而劣等农产品冒充优质农产品或绿色产品来销售的风险，真正的农业生产优势发挥不出来。这就要求建立健全的农业市场信息系统，提高信息透明度，支持涉农媒体扩大宣传力度。

（三）促进互联网在农业中的应用

随着互联网在中国经济各个领域的应用，互联网正从消费互联网向产业互联网推进。互联网在农业中的应用，不仅可以减少农产品中间流动环节，降低交易成本，还会对整个农业产业链产生影响，农民根据互联网信息了解市场需求和变化，可以及时调整农业生产结构，实现农产品商品化。互联网在生产环节的应用，可以采集检测信息并进行数据分析，科学生产，使温度、湿度等环境最适宜农作物的生长状态，提高农产品的产量和品质；互联网将各种信息进行分类整理，有利于农业信息用户获得所需要的信息，提高农业运行效率；互联网还可以促进农业科技的推广，提高农业技术水平，同时农业生产者还可以将自己的生产经验在网上进行发布，实现信息和技术共享。目前吉林省互联网在农业中的应用存在着基础设施不完善、从业人员素质不高、信息平台滞后等问题。在这种背景下，政府应发挥引导、推动作用，促进互联网在农业中的应用，建立健全农业互联网基础设施，引导并培训农业生产者利用互联网技术进行农业生产，根据互联网信息调整农业生产结构。

第五节　本章小结

本章首先阐述了农业结构优化的指导思想，农业结构优化必须按照比较优势的原则进行，同时要以市场化为导向，真正实现农产品的商品化和经济效益。根据吉林省农产品比较优势的不同，提出了农产品结构优化的方向，玉米、大豆、烤烟、牛肉、禽肉、特色农产品等是农产品结构调整的重点方向。在农产品区域布局方面，以各个地区为对象，分析了各地区自然资源禀赋的差异，并结合前文所研究的各地级市农产品比较优势的差异状况，对不同农产品的优势区域进行了划分。

第十章　乡村振兴与吉林省乡村旅游发展

乡村旅游促使农业与相关产业融合发展，使农业多功能的内涵更丰富，新的产业业态的出现带动原产业升级，同时优化了资源配置，它所引发的生产规模、生产方式、产业结构的转换和升级将极大地促进农业综合效益和社会功能的提高。

乡村旅游在意大利、法国、美国、日本起步较早，最早出现在19世纪的欧洲，包括观光、度假、休闲、娱乐、体验以及考察在内的多种功能的旅游活动，主要以乡村地域环境及其资源为发展基础，将乡村性和乡村意象定为核心，主要消费群体是城市居民，是一种旅游方式或经济开发活动。这些国家乡村旅游产业发展相对来说较为成熟，乡村旅游的研究体系比较完整，对乡村旅游的内涵、发展模式等方面都有着深入的研究。乡村旅游最早在国外被定义为发生在乡村的旅游活动。乡村旅游是一个非常复杂的旅游活动，所包含的内容非常繁杂①。

国内学者近几年有关乡村振兴和乡村旅游的研究较多，集中于研究乡村振兴战略背景下乡村旅游的内涵、发展策略、评价体系、演化路径等。现有研究缺乏对二者关系和作用机制的深入探讨，也未从实践出发定量分析乡村旅游对乡村振兴的带动作用。在我国，不同学者从不同角

---

① Bramwell B., Lane B., *Rural tourism and Sustainable Rural Development*, UK: Channel View Publications, 1994, pp. 7 – 12.

度对乡村旅游的内涵进行了各自的界定。林刚、石培基①认为，乡村旅游是旅游的一种形式，主要以乡村风光为载体，核心在于乡土文化，民营经济是其重要主体，城市居民则是主要旅游群体。胡鞍钢、王蔚②则认为，乡村旅游是现代旅游业向传统农业延伸的新兴的旅游形式，依托农业资源，在镇村庄和山野水乡空间内活动，促进农村地区服务业发展以实现繁荣农村和富裕农民的目的。综合国内外学者对乡村旅游概念的表述，尽管语言表述存在一定的差异，但是对乡村旅游的概念界定无外乎包含以下两个方面：其一是乡村旅游的活动空间是乡村地区，其二是乡村旅游的活动内容是乡村特性吸引游客。基于此，笔者认为，乡村旅游是发生在乡村地区的，以乡村的本真性为吸引点，集观光、休闲、娱乐、体验、考察等为主要形式的旅游活动。

在国外，相关研究集中在乡村旅游对于当地经济发展和经济转型的作用。Slee 等③的研究表明，乡村旅游对推动当地经济发展的确起到了重要作用。但同时学者们也认为，乡村旅游也可能带来一些副作用或对地经济的发展作用不大，如给业主带来经营风险经济受宏观经济环境的影响很敏感，因而易随外部环境的变化而波动，可能导致消费品和服务涨价，从而提高当地居民的生活消费等。Fleisher 和 Pizam④ 以以色列典型的乡村旅游形式——提供住宿和早餐的农庄旅游为例，认为乡村旅游规模很小，旅游季节短，而且带来的收益较低，对地方经济影响不大。Sharpley⑤ 在研究塞浦路斯乡村旅游发展时指出，由于缺乏长期的财政支持、基本的交通和服务设施、必要的职业培训和有效的管理机构，致使

① 林刚、石培基：《关于乡村旅游概念的认识——基于对 20 个乡村旅游概念的定量分析》，《开发研究》2006 年第 6 期。

② 胡鞍钢、王蔚：《乡村旅游：从农业到服务业的跨越之路》，《理论探索》2017 年第 4 期。

③ Slee, B., Farr, H., & Snowdon, P., "The Economic Impact of Alternative Types of Rural Tourism", *Journal of Agricultural Economics*, 1997, Vol. 48, No. 1 - 3, pp. 179 - 192.

④ Fleischer, A., Felsenstein, D., "Support for Rural Tourism: Does it Make a Difference?", *Annals of Tourism Research*, 2000, Vol. 27, No. 4, pp. 1007 - 1024.

⑤ Richard Sharpley, "Rural Tourism and the Challenge of Tourism Diversification: The Case of Cyprus", *Tourism Management*, 2002, Vol. 23, No. 3, pp. 233 - 244.

乡村旅游的发展面临诸多挑战。

第一节　发展乡村旅游促进乡村振兴的必要性和可行性

一　乡村旅游有利于优化农村产业结构

（一）乡村旅游可深化农业供给侧结构性改革

当前我国农业主要矛盾已由总量不足转变为结构性矛盾，农产品阶段性供过于求和供给不足并存，农业供给侧结构性改革可以有效提高农业综合效益，稳定农业经营收入。乡村旅游可以促进城乡之间要素流动，延长农业产业链条，改善乡村生态环境，使城镇居民愿意体验和参与乡村生活，并可增加农民收入。乡村旅游的发展，促进了一二三产业融合，是农业结构优化的重要推动力，也是农业供给侧结构性改革的重要内容。农业效益提高、农民收入增加，有利于巩固农业基础性地位。

（二）乡村旅游提升农业产业附加值

传统的乡村旅游是从城市郊区的乡村采摘和农家乐开始的，当时主要采用了“招商引资”的发展模式，但在具体过程中往往通过压低农民补偿费从而增加投资方的优惠力度来进行的，在这种模式中当地村民对旅游的参与水平较低，往往局限在高劳力、低技术、低收入、低层次的参与水平。由此导致的必然结果就是伴随外部旅游投资的增加，作为乡村主人、土地主人的当地村民并没有获得相应的旅游收益。乡村旅游是一种充分利用农村资源开展的旅游活动，其依托的资源主要是城市周边以及比较偏远地带的自然景观、田园风光和农业资源，而这些资源的所有者和创造者都是农民。乡村旅游强调当地社区和农民的参与，通常一个乡村旅游景区的发展历程就是当地农民直接参与旅游业发展、改变自身经济发展模式的过程。农民参与度提高，通过增加农民参与乡村旅游的自觉性和自愿性使其能够参与决策并分享相应收益，为增加农民收入创造新的增长点。

二　乡村旅游促进融合发展

（一）乡村旅游促进三次产业融合发展

乡村旅游发展有利于实现产业聚集，改善乡村产业结构。旅游产业本身属于第三产业，其发展离不开第一产业农业生产、第二产业农产品加工业和交通运输业的支撑，同时向旅游者提供餐饮住宿等服务。乡村旅游的发展本身就是一二三产业的融合发展，三产互进互促。乡村旅游依托当地生态环境构建集休闲养生、旅游观光、农业生产、教育娱乐等产业于一体的农旅综合体，打造产业聚集区域，实现多元化的乡村产业结构。综合多样的产业结构是保障乡村经济可持续发展的必要前提，也是乡村振兴的基本条件。

乡村旅游植根于农村，与农业生产息息相关，农产品直接面对消费者，产品可以跳过流通环节直接到达消费者手中，适时解决了当地农业产业化中购销体制不畅等难题。旅游需求还直接增加了农产品的需求量，提高了农业附加值，推动了农村产业结构调整，为发展农业产业化经营提供了一个良好的平台。

（二）乡村旅游促进城乡融合

当前，城乡发展失衡的典型表现之一为资源配置进程的异化，高效集聚、科学配置发展资源正是城乡融合发展的实质内容。而统筹城乡发展的核心工作就是促进资源双向流动，实施乡村振兴战略的关键也在于高效充实农村发展资源。城乡融合发展，就是打破城乡二元机制，使城市资源和产业可以辐射带动发展；同时乡村对标城市发展，补齐短板，增加乡村对城市的吸引力，增强城市居民的下乡意愿。乡村旅游使劳动力、资本、信息等要素在城乡之间流动，农民通过与城市游客的接触、沟通，能更多地接收城市的政治、经济、文化、意识形态等信息；为了能更好地服务游客，农民不得不积极的通盘了解城乡发展局势，接受现代意识观念和生活习俗，提高自身素质。此外，城市居民通过旅游活动，亲身体验民俗文化，甚至参与简单的农耕活动；城市游客在体验异样生活趣味、放松身心的同时，也能切身体会农民的艰辛，粮食的珍贵；同

时，在旅游过程中，也能让城市游客感受到乡村碧水蓝天的怡情惬意，熟知环保的重要性。

（三）乡村旅游具备人才集聚效应

长期以来，农业报酬低于工业，农民收入低于城镇居民收入。所以许多农村剩余劳动力尤其是青壮年劳动力为了提高收入纷纷流入城市就业，带来了农村和城市发展中的许多问题。另外，农村产业结构单一，农民就业极不充分，长期处于“隐性失业”状态，造成了大量的农村剩余劳动力，既有总量剩余，也有季节剩余。乡村旅游业的发展，可以让农民在不离开乡土的情况下实现再就业。例如，在节假日进行的乡村旅游活动，已经成为许多城市居民周末生活不可缺少的部分。既保证了农民在农闲时也能够获取收益，剩余劳动力得到有效利用，也消除了不安定隐患。

乡村振兴的持续动力来源于人才源源不断地输入。乡村旅游产业的迅猛发展可以带动酒店、民宿、餐饮、公共基础设施、文化、销售等行业的兴起，这些行业可以提供可观就业岗位，有利于乡村地区吸引各专业人才。更多专业人才的吸入可以继续促使乡村经济健康发展，形成良性推动机制。

（四）乡村旅游促进乡村产业技术进步

乡村旅游的发展提高了农民收入，增加的收入部分投入扩大再生产，如扩建家庭旅馆或购买农业机械等。罗斯托在其发展阶段理论中指出，一国要实现从传统阶段（以农业生产为主）向起飞阶段（工业化的开始或经济发展的开端）过渡，需要具备的一个最重要的条件就是投资率的提高。纳克斯也将投资视为打破“贫困的恶性循环”的关键因素。同时由于旅游业投资回报率高于农业，农民将更多时间精力投入旅游业，用于农业生产的时间减少，转而寻求更为高效的耕作方式，如改进生产方式或提高农业生产机械化水平等。两个方面的作用使农业技术水平提高，分别导致了劳动力节约型和土地型技术进步的发生。

（五）乡村旅游提高了需求层次和结构

经济发展过程中人口增长带来了需求层次和结构的多样化，工业化、城市化程度和收入水平提升所带来的生活方式改变都会导致对农产品和服务业的需求在数量、质量和品种丰富程度上的增长。乡村旅游的发展使资源、人力、信息在城乡之间的流动更加频繁，城市旅游者对乡村农产品、食品、住宿、休闲娱乐等的要求不断提高。波特在其国家竞争优势理论中曾提出，挑剔而超前的市场需求是一国产业具备竞争优势的重要条件之一，如日本家庭因为地狭人稠，所以家电朝向小型、可携带的电视、音响、录像带去发展，就因为本国市场拥有一群最懂得挑剔的消费者，使得日本拥有全球最精致、最高价值的家电产业。乡村旅游带来的对农业和服务业需求层次的提高，会促使农业生产水平向精致农业、智慧农业方向发展，也会使乡村旅游业的服务水平不断提升。

第二节　乡村旅游促进乡村振兴的作用机理

乡村振兴战略的实施是解决我国农村发展不平衡不充分问题和全面实现社会主义现代化建设的必然选择。近些年来，我国经济发展取得了举世瞩目的成就，年均经济增长速度已经超过了 7%，对世界经济增长贡献率超过 30%，农村人口不断向城镇转移，城乡之间的差距逐渐缩小，传统农业向现代农业的转变速度加快，但是在其他领域或方面城乡发展还存在很大的不平衡问题，“三农”发展不充分非常严峻。农村居住人口过度减少而产生的空心化和老龄化等问题严重。

经济发展新常态下，部分传统行业生产能力过剩，农村可转移劳动力逐渐减少，人口红利逐渐消失，工业与城市出现结构性劳动力短缺的同时，农村也存在劳动力短缺现象，乡村开始衰落。因此，党的十九大提出实施乡村振兴战略，这是对城乡关系变化和现代化建设规律的深刻认识，乡村振兴战略是现代化建设的必要要求，同时也是新时代乡村现代化发展的新取向。

从 2015 年开始，连续四个中央“一号文件”对乡村旅游发展进行部署，2018 年，乡村旅游更是作为乡村振兴战略的重要领域写入中央“一号文件”。乡村旅游从产业聚集、人才吸引、文化传承、富民惠民和生

态建设等方面在乡村经济总体发展中呈现巨大价值，是实现乡村振兴的重要途径，具体表现在产业振兴、人才振兴、文化振兴和生态振兴四个方面。

本章以吉林省乡村旅游的发展为切入点，对乡村振兴和乡村旅游的概念和内涵进行界定，从乡村旅游的产业属性（关联度大、带动性强，使三农资源充分整合利用）、乡村旅游的文化引领功能（弘扬乡村文化，传承乡村民俗，保护乡村非物质文化遗产促进乡村文化振兴）、乡村旅游的富民惠民功能（乡村旅游直接拉动乡村综合消费，促进集体经济壮大，农民收入增加）、乡村旅游的综合发展功能四个方面探索乡村旅游促进乡村振兴的作用机理。

一　旅游可以带动乡村产业兴旺

无论是新农村建设还是乡村振兴，首要的任务都是发展生产力、夯实经济基础。但在不同发展阶段，发展生产力的着力点是不同的。2005年前后，我国农业面临的主要矛盾是供给不足，发展农业生产、提高农产品供给水平是主要任务，相应的要求便是“生产发展”。经过这些年的努力，我国农业综合生产能力有了很大提高，农业的主要矛盾已经由总量不足转变为结构性矛盾，主要表现为阶段性的供过于求和供给不足。改变此种状况，除了提高农产品供给质量之外，还要拓宽和优化农村产业结构，全面振兴农村二三产业，防止农村产业空心化。当时乡镇企业“异军突起”开辟了我国工业化的第二战场，提供了大量就业，增强经济发展活力，使一些乡村完成了资本积累，但由于布局分散，造成环境污染、土地资源低效利用等不良影响，随着20世纪90年代初期乡镇企业改制、集中布局的推进，以及90年代后期土地管理制度的调整，除了硕果仅存的部分“明星村”，全国大多数乡村的二三产业发展陷入低谷。如果这个局面不改变，农村局限于发展农业、农业局限于发展种养，在我国农业资源禀赋稀缺的情况下，农民充分就业和乡村繁荣发展的目标很难实现。现代化的农村，不仅要有发达的农业，而且要有发达的非农产业体系。乡村旅游产业将农业和非农产业有机融合，为非农产业在农村的发展提供了良好契机。

吉林省乡村旅游的发展，吸引了大量游客，不仅实现了当地农产品就地销售，降低了交易成本，还能根据游客需求，有针对性地对特色农产品进行深加工，提高农产品附加值，延长了农业产业链。第一产业与旅游的融合，催生了乡村旅游、休闲农业的繁荣；第二产业与旅游的融合，带动了旅游用品、旅游商品生产发展；旅游与其他第三产业相融合，拉动了商贸、运输等服务业发展，从而优化了产业结构，增强农业的供给活力。

二　乡村旅游改善乡村生活环境，促进生态宜居

乡村与城市最大的区别就在于乡村自然风貌，村落景区开发建设需根植于乡村自然生态，建设生态宜居乡村是发展乡村旅游的重要保障。乡村旅游本身是一种休闲服务，游客对乡村生态环境、景区景观要求较高，这也是改善乡村生态环境的重要动力，乡村旅游带给农村地区经济效益的同时也给乡村的自然环境带来了影响。乡村旅游实际上是以自然生态环境特色为重点，以建设可持续自然生态发展为目标的自然资源节约型旅游业。因此，为了生态环境的建设，必须要树立人与自然共同生存的意识，完善生产方式，防止自然环境的污染，做到资源的循环利用，坚持绿色发展道路。“绿水青山就是金山银山”，乡村旅游的亮点在于自然。游客能在游山玩水的过程中体验到自然的、农家的魅力，是乡村旅游的核心竞争力。因此，乡村旅游的发展过程中必然大力整治环境卫生、打造生态文明乡村，将乡村旅游升级为生态旅游，最终实现乡村经济的可持续、绿色发展。

大部分游客对乡村旅游目的地的餐饮、住宿的卫生状况、接待服务水平旅游接待地居民态度等方面十分关注，尤其是对卫生与安全的要求更高。这必然促使乡村旅游景区加大基础设施投入改善人居环境、健全农村社会化服务体系，如给排水建设、美化洁化、道路改善、住房改造、卫生厕所建设、生活垃圾处理等生活细节的处理，从而使当地居民客观上享受到现代化生活。

近年来吉林省将乡村旅游打造与基础设施建设、农村社会化服务体系完善相结合，使乡村面貌为之一新。同时加大了政策扶持，提升乡村旅游景区（点）接待的软硬件水平；注重对原始、自然、生态资源的保护。畅通的交通网络，有效推动了农村资源开发和乡村旅游产业的发展。旅游业的发展也使农村生态保护的意识更强，大多数村庄生态宜居的特点十分明显。

三 带动观念改变，促进乡风文明

随着大量外来游客进入乡村，既带来了技术、资金，也把城市先进的文化、理念等带到农村。在参与乡村旅游服务过程中，农民发展潜力也被激发，主动学习新技能，掌握新知识，提高了文明素养和文化素质。同时，通过发展乡村旅游，促进了城乡精神文明的对接，不断增强农民的文明素养，整体上提升了乡村文明水平。文化传播和文明建设本身也是乡村旅游的一部分，乡村旅游的发展进一步促进乡风文明的进步。乡村旅游发展有助于实现乡土文化传承。乡村旅游在创造就业岗位、实现经济效益的同时也有效推进了乡土文化的传承。文化与旅游相融合成文旅产业已经是当代旅游业发展的大趋势。各地旅游依托不同的地理环境和人文环境，旅游中涉及的文化也会有所差异。通过旅游过程中的景观冲击、饮食渗透和产品介绍，乡村旅游产业能够为当地的乡土文化带来很好的输出契机。文旅产业的快速发展，乡村旅游能够让更多的游客关注当地文化，实现健康的、积极的文化输出，为经济发展提供灵魂动力。农村的协调发展、社会的全面进步，离不开文明乡风的助推、精神文化的涵育。吉林省在发展乡村旅游的过程中，采取各种措施推进乡风文明建设，使村民生活更加幸福安定，精神文化生活更丰富多彩。

首先，推进社会主义核心价值观进村入户。省委、省政府深入贯彻落实中央要求，把培育和践行社会主义核心价值观作为一项根本任务，在广大农村开展培育和践行活动。建好、用好农村道德讲堂。让“草根”宣讲员，深入村委会、社区、田间地头，把“道德讲堂”与理论宣传相结合，将社会主义核心价值观的“大主题”转化为“小故事”，把

“大道理”寓于广大农民群众日常生活的经验和感悟之中。

其次，深入开展群众性创建活动，提升乡村文明程度。倡导树立文明新风，改变乡民乡风。各个地区采取各种措施，如积分管理机制，“红、黑”两榜制度，奖励先进、惩戒后进等，培育优良家风。

最后，建立农村公共文化服务体系，丰富农民文化生活。文化下乡活动丰富多彩，更多农民享受到文化繁荣发展的成果。以地域文化为特色，打造文化活动风景线。按照“绿水青山就是金山银山，冰天雪地也是金山银山”的发展思路，发挥政府的主导作用，打造四季文化品牌。深化“我们的节日”主题活动。各县（区）以节日民俗、文化娱乐和体育健身活动为载体，深入挖掘传统节日的文化内涵，着力引导人们继承和弘扬中华民族的优秀传统，营造民族团结、国家统一、社会和谐、家庭幸福的浓厚节日氛围。文化基础设施建设也日臻完善，实现了广播电视村村通、文化小广场、文化大院、乡村图书室和乡村学校少年宫的建设力度，农村文化基础设施建设水平不断提高。

四 完善乡村治理，促进治理有效

发展乡村旅游作为推动乡村振兴重要力量，在脱贫攻坚、增加就业、调整产业结构、农村“三变”改革试点等方面发挥了独特的作用，一方面为乡村治理水平提升提供了契机，另一方面也催生了乡村治理水平提升的内在动力。因此集体和个人重新凝聚起来，激发了村民参与乡村治理的积极性。推进“村民自治”是乡村治理的基本目标，村民是发展乡村旅游的主体，村民在乡村旅游发展中参与度高、主动性强，随着乡村旅游经营中农民收入的增加，也提高农民参与乡村治理的积极性。乡村旅游的发展，可以吸引农村青壮年劳动力回乡，使荒废土地重置利用，有效治理农村“空心化”问题。

五 助推农民增收，促进生活富裕

旅游业产业带动力强，开发一处景区，致富一方民众。让农民在既不离乡也不离土的情况下，打零工、办旅馆、摆小摊、开饭店、加工纪

念品、销售农产品等，实现农民“零距离就业，足不出户挣钱”，日渐成为富农强农的好帮手和培养新型农民的好路子。吉林省一直不遗余力发展休闲农业与乡村旅游，目前已发展成为有质量、有品位、有规模的朝阳产业。2014 年，吉林省休闲农业与乡村旅游企业已达 2988 户，休闲旅游农业营业收入 125.5 亿元，年接待人次 1445 万，安置以农民为主的从业人员近 100 万人次，同时带动了特产业、农产品加工业、餐饮服务业等相关行业的快速发展。集安市、珲春市、临江市、敦化市、抚松县和吉林市丰满区还被农业部、国家旅游局认定为全国休闲农业与乡村旅游示范县；吉林市神农庄园有限公司等 10 户企业被认定为全国休闲农业与乡村旅游示范点；四平市霍家店村等 3 个村被农业部评为全国最有魅力休闲乡村；延边华龙集团等 9 户企业为全国休闲农业与乡村旅游五星级企业。乡村旅游的蓬勃发展优化了农村产业结构，同时提高农民收入，逐步实现生活富裕的目标。

第三节　吉林省乡村旅游发展的现状和问题

一　吉林省乡村旅游现状

（一）吉林省乡村旅游资源丰富，特色鲜明

吉林省旅游资源丰富，既有优美的自然景观，又有绚丽的人文景观。秀丽的山川和名胜、古迹遍布各地。冰雪旅游独具特色，边境旅游具有异国风情，生态旅游、特种专项旅游具有别样的情趣，民族文化旅游异彩纷呈。

长春市双阳区、舒兰市、延边州、汪清县百草沟镇、和龙市金达莱村、长白山二道白河镇六地入选国家发改委同国家文化和旅游部遴选的乡村旅游发展典型案例。其中，长春市双阳区是国家级生态示范区、中国梅花鹿之乡，先后被评为全国休闲农业与乡村旅游示范县、吉林省乡村旅游示范区。近年来，围绕打造东北亚休闲旅游目的地，以满足人民日益增长的乡村旅游需求为导向、乡村旅游供给侧结构性改革为主线及提高质量效益为核心，积极培育乡村旅游新业态，全力打造乡村旅游

“升级版”。舒兰市旅游资源丰富，是集生态风光、宗教文化、历史遗迹、民俗民风为一体的县级旅游城市。舒兰自然风光秀丽，环境优美。全市绿地面积占51%，其中森林覆盖率为44.4%，大中小型人工水库100余处，水域、湿地面积约623.8平方公里。

延边州拥有国家级自然保护区5个、省级自然保护区8个，森林覆盖率高达80.8%。这里气候温和湿润、空气清新、冬暖夏凉、四季分明，是吉林省乃至全国公认的“天然氧吧”和“生态后花园”。州内有野生动物367种，其中就有被称为百兽之王的野生东北虎；野生植物3890种，其中药用植物850多种，盛产被誉为“东北三宝”的人参、鹿茸、貂皮。

百草沟镇素有“民族之乡”“鱼米之乡”“象帽舞之乡”的称号。“中国朝鲜族美味风俗食品一条街”上的狗肉、豆腐、小河鱼、朝鲜族酱汤、冷面、打糕等各类朝鲜族食品让人回味无穷；风景优美的满天星国家级森林公园也坐落在百草沟镇境内，使百草沟镇成为集餐饮、娱乐、民俗观光为一体的旅游名镇。

和龙市金达莱村一面背山，三面环水，具有丰富的朝鲜族文化特色资源。依托浓郁的朝鲜族民俗风情和金达莱品牌优势，借助长白山旅游交通便利优势，初步打造成集民俗旅游、田园观光、风味餐饮、农家旅馆等功能于一体的3A级现代农村田园旅游新区，自然山水资源丰富，自然生态环境优良，有适宜度假的气候环境，具有较高的观赏游憩价值。

长白山二道白河镇行政隶属吉林省延边朝鲜族自治州安图县，地处长白山脚下，森林资源丰富，有“白桦故乡”“美人松故乡”之美誉，是拥有“神山、圣水、奇林、仙果”盛誉的旅游胜地。

（二）乡村旅游发展迅速，以国内游为主

2018年，为贯彻落实党的十九大精神，深入实施乡村振兴战略，统筹全省文化资源与乡村旅游深度融合，充分发挥乡村旅游在推动农村文化繁荣、农业产业兴旺、农民增收致富的重要作用，加快促进乡村旅游提质升级，进一步提升乡村文旅产业活力。吉林省文化和旅游厅制定了推动乡村旅游发展的政策——《吉林省乡村旅游发展总体规划》，同时

公布了《吉林省乡村旅游领军企业名录》，对纳入名录的乡村旅游领军企业，提供智力支持和政策扶持，培育乡村旅游品牌，释放领军企业示范带动效应，引领我省乡村旅游发展。在省委、省政府的正确领导和旅游发展政策下，全省旅游系统忠诚践行习近平总书记“两山理论”，深入推动旅游业的供给侧结构性改革，紧紧抓住吉林省的本地优势，加大力度发展冰雪系列的旅游项目，紧紧抓住“冰天雪地”和“天赐‘凉’机”，全力打造吉林旅游冰雪和避暑盛宴，旅游经济保持了较好的发展态势。

、　2018 年，全省接待旅游总人数 22156.39 万人次，同比增长 15.15%，高于全国平均水平 4.65 个百分点。其中，接待入境游客 143.75 万人次，同比下降 3.15%，接待国内游客 22012.64 万人次，同比增长 15.29%，“冰天雪地”和“天赐‘凉’机”初见成效。2018 年，全省旅游收入达到 4210.87 亿元人民币，同比增长 20.52%，态势较好。接待游客人数中，国内旅游占 99.35%，入境旅游占 0.65%。2013—2018 年的旅游收入一直是稳步增长的态势，2018 年吉林省的旅游收入是 4210.87 亿元人民币，高于全国平均水平 9.17 个百分点。接近 2013 年农村旅游收入的 3 倍，在旅游总收入中，国内旅游占 98.92%，入境旅游占 1.08%，吉林省在吸引境外旅游上明显动力不足，吉林省的特色旅游没有走出国门，没有在国际上获得知名度，吸引境外人员来旅游的能力差，增长乏力。

（三）入境旅游情况

1. 旅游者构成

2018 年，全省接待入境游客 143.75 万人次，同比下降 3.15%。其中：外国人 123.84 万人次，同比下降 3.5%，占全省接待入境游客的 86.15%；港澳同胞 11.21 万人次，同比下降 2.44%，占全省接待入境游客的 7.8%；台湾同胞 8.7 万人次，同比增长 1.21%，占全省接待入境游客的 6.05%。

2. 客源市场区域结构

2018 年，吉林省吸引亚洲和欧洲居民旅游人次下降，但是美洲、大洋洲旅游人次有提升，尤其是大洋洲。全省接待的入境旅游者按各大洲分布状况：亚洲 121.84 万人次，同比下降 5.08%，占全省全年接待入

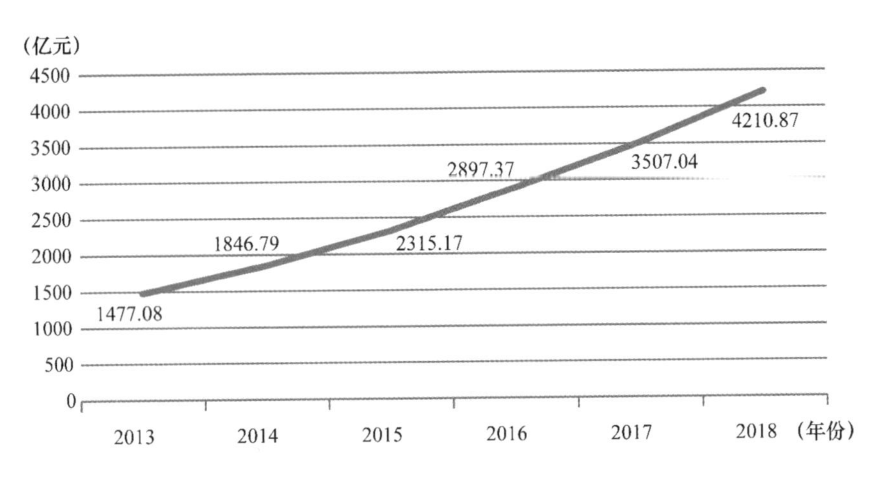

图 10.1　2013—2018 年吉林省旅游总收入

资料来源：《吉林省文化和旅游业统计年鉴》。

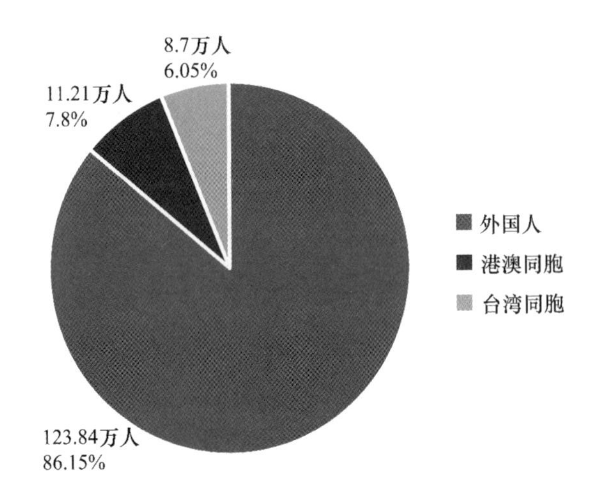

图 10.2　2018 年吉林省入境游客构成

资料来源：《吉林省文化和旅游业统计年鉴》。

境旅游者的 84.76%；欧洲 12.14 万人次，同比下降 7.75%，占全年接待入境旅游者的 8.45%；美洲 5.84 万人次，同比增长 38.06%，占全年接待入境旅游者的 4.06%；大洋洲 3.05 万人次，同比增长 73.3%，占全年接待入境旅游者的 2.12%；其他国家 0.88 万人次，同比下降

4.35%，占全年接待入境旅游者的0.61%。

表10-1　2018年吉林省旅游客源市场区域构成　单位：万人次

地区	接待人数	同比增长（%）	占有份额（%）
亚洲	121.84	-5.08	84.76
欧洲	12.14	-7.75	8.45
美洲	5.84	38.06	4.06
大洋洲	3.05	73.30	2.12
其他	0.88	-4.35	0.61
总数	143.75	-3.15	—

资料来源：吉林省文化和旅游业统计年鉴。

3. 客源市场国家（地区）构成

2018年全省入境旅游客源国（地区）排名依次为韩国、俄罗斯、中国港澳地区、中国台湾地区、日本、德国、新加坡、美国、澳大利亚、英国、法国、加拿大等。韩国59.88万人次，所占份额41.65%；俄罗斯28.14万人次，所占份额19.58%；港澳同胞11.21万人次，所占份额7.8%；台湾同胞8.7万人次，所占份额6.05%；日本5.41万人次，所占份额3.76%；德国4.59万人次，所占份额3.19%；新加坡3.85万人次，所占份额2.68%；美国3.46万人次，所占份额2.41%；澳大利亚3.05万人次，所占份额2.12%；英国2.38万人次，所占份额1.66%；法国2.31万人次，所占份额1.61%；加拿大1.95万人次，所占份额1.35%。

由图10.3可见，吉林省入境旅游自2013—2016年一直保持上升趋势，发展较好，但是随着国际旅游复苏等原因，2017年入境旅游人数开始下滑，由161.953万人次下降至148.4309万人次，下降了9.1%，到2018年依然是下降趋势。另外，2018年下半年出现中美贸易争端，对吉林省的入境旅游依然具有抑制作用。据吉林省文化和旅游厅统计数据显示，2019年接待入境游客136.58万人次，下降4.99%。在入境游客中，接待外国游客121.11万人次，下降2.21%；港澳台同胞15.47万人次，下降22.3%。

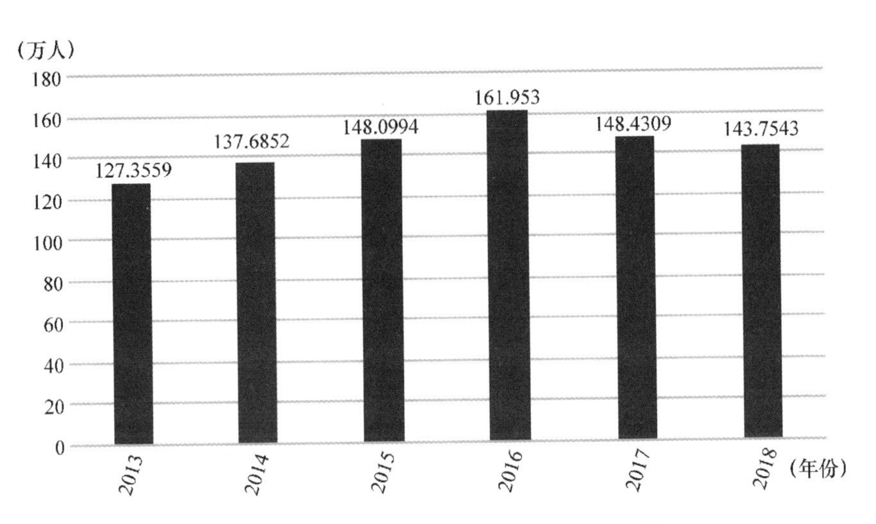

图10.3　2013—2018**年吉林省入境旅游人数**

资料来源：《吉林省文化和旅游业统计年鉴》。

和入境旅游人数一样，吉林省的入境旅游收入2013—2016年一直是稳步增长的，从2013年的57052.70万美元增加到2016年的79120.61万美元，增长了36.68个百分点。2017年开始出现下滑，旅游收入下滑幅度没有旅游人数下滑幅度大，但2018年入境旅游收入下降明显，跌至2014年的入境旅游收入水平。据吉林省文化和旅游厅统计数据显示，2019年全年旅游总收入4920.38亿元人民币，增长16.85%。其中，国内旅游收入4877.89亿元人民币，增长17.1%；旅游外汇收入6.15亿美元，下降10.34%。吉林省的旅游收入主要靠国内旅游拉动，入境旅游收入持续下降，对吉林省旅游收入贡献减小，短期内无法改变，吉林省可在大环境下入境旅游收入增长困难的境况下，蓄力吸引国内游客到吉林省旅游，从而增加旅游人数，同时带动相关产业的经济发展和旅游收入的增加。

（四）国内旅游情况

在吉林省实行“一区一特”“一村一品”“一户一景”原则的带动

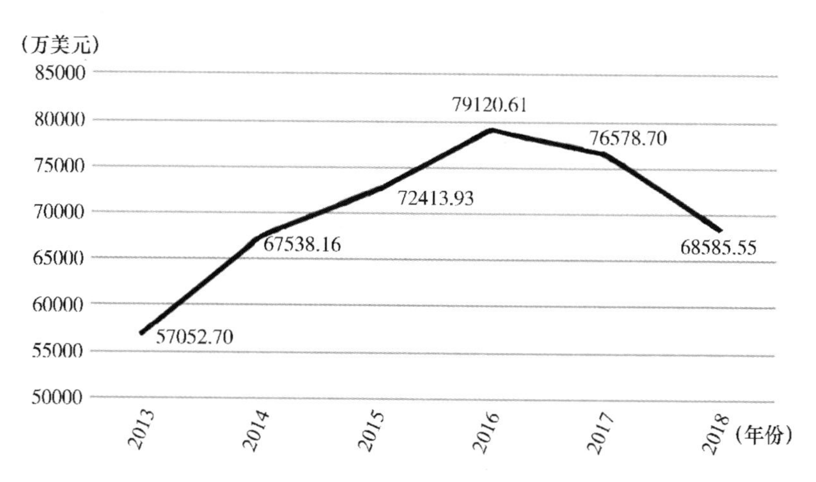

图 10.4　2013—2018 年吉林省入境旅游收入

资料来源：《吉林省文化和旅游业统计年鉴》。

下，升级改造田园观光、休闲农庄、采摘篱园、乡村酒店、生态渔家、森林人家、温泉养生等传统业态；推动田园艺术景观、阳台农艺等创意农业和具备旅游功能的定制农业、会展农业、众筹农业、家庭农场、家庭牧场等新型业态创新发展；形成资源依托型、市场依托型、产业依托型、政策依托型、景区依托型、政府推动型等发展类型和模式。2018 年吉林省旅游业在乡村游、自驾游和边境游的拉动下，各地纷纷组织开展了一系列丰富多彩的旅游活动，受到游客的关注和青睐，省内游、城市周边游等中短线游成为游客的主要选择，全省旅游景区持续火爆，客源市场规模稳步扩大。特别是进入冬季后，冷资源撬动热经济，“白色经济”成为最新、最美的画卷，滑雪、温泉、雾凇已经成为游客消费热点，受到广大游客的欢迎，不断吸引外地游客。

1. 游客调查情况

2018 年，吉林省全年累计接待国内旅游者 22012. 64 万人次，同比增长 15. 29%；实现国内旅游收入 4165. 6 亿元，同比增长 20. 52%；国内旅游人均花费 1892. 37 元/人，同比增长 4. 53%；人均停留时间 2. 64 天，同比下降 2. 58%。

乡村旅游成为农村发展、农业转型、农民致富的重要渠道，发展势头如火如荼。全省各地因地制宜，注重对当地文化内涵的挖掘，积极引入新业态，与康养、体育、教育产业等融合发展创造出各具特色的乡村旅游发展模式，让乡村真正成为投资热土和生活乐土。2018 年，乡村游客数量约占 18.01%，旅游人数 3964.62 万人，同比增长 27.47%，收入约为 212.04 亿元，同比增长 31.76%，日均消费约为 534.83 元/人，同比增长 3.37%。

近几年，吉林省的乡村旅游一直稳步发展，旅游人数逐年增长，从 2013 年的 10241.93 万人次增长到 2018 年的 22012.64 万人次，增长了一倍多，2013—2018 年都没有出现下降趋势，增长势头良好，有望保持增长趋势。

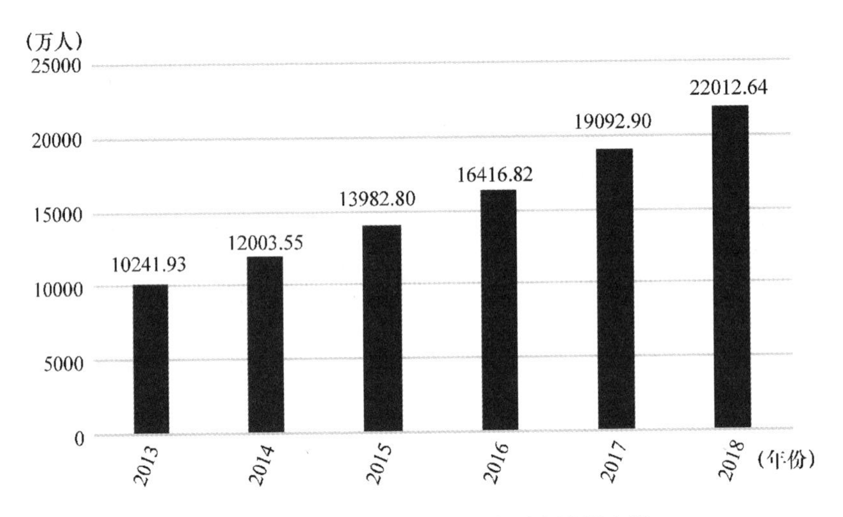

图 10.5　2013—2018 年吉林省国内旅游人数

资料来源：《吉林省文化和旅游业统计年鉴》。

2. 旅游景点调查情况

吉林省国家 A 级旅游景区分布不均匀。2018 年，共有 242 个 A 级风景区，其中 6 个 AAAAA 级风景区，61 个 AAAA 级风景区，108 个 AAA 级风景区，55 个 AA 级风景区，12 个 A 级风景区。

从表 10－2 可以看出，目前吉林省主要的风景区是在长春市、延边州和通化市，景区聚集度高，城市发展不平衡。延边州和通化市拥有的风景区最多的是 AAA 级的风景区，缺少 AAAAA 和 AAAA 的风景区，吉林省总共 6 个 AAAAA 级的风景区，2/3 在省会长春，城市之间景区质量参差不齐。

表 10－2　**吉林省 A 级旅游景区分布**

区划	AAAAA	AAAA	AAA	AA	A	小计
长春	4	12	10	12	4	42
吉林	0	9	7	12	1	29
四平	0	5	5	4	0	14
辽源	0	4	10	1	0	15
通化	0	8	29	2	1	40
白山	0	3	11	8	0	22
松原	0	2	8	0	6	16
白城	0	4	4	5	0	13
延边	1	11	22	10	0	44
长白山	1	2	0	0	0	3
梅河口	0	1	2	0	0	3
公主岭	0	0	0	1	0	1
总计	6	61	108	55	12	242

资料来源：《吉林省文化和旅游业统计年鉴》。

2019 年，文化和旅游部公布的第一批全国乡村旅游重点村名单，共有 320 个村入选，其中吉林省有 8 个。包括松原市前郭县查干湖渔场查干湖屯、延边州和龙市东城镇光东村、延边州和龙市西城镇金达莱村、吉林市龙潭区乌拉街满族镇韩屯村、舒兰市上营镇马鞍岭村、长白山保护开发区管理委员会池南区漫江村、长春净月高新技术产业开发区玉潭镇友好村、辽源市东辽县安石镇朝阳村。

2020 年，文化和旅游部、国家发展改革委确定了第二批拟入选全国乡村旅游重点村名录乡村名单，吉林省有19个村入选，其中包括长春莲花山生态旅游度假区管委会泉眼村、长春市九台区土门岭街道马鞍山村、长春市农安县华家镇战家村、延边朝鲜族自治州珲春市敬信镇防川村、吉林市丰满区江南乡孟家村、通化市集安市太王镇前湾村等。

各个村特色鲜明，各有各的特色。长春莲花山生态旅游度假区管委会泉眼村以天定山滑雪场为依托，有滑雪、商业街、五星级酒店等一体化服务，雪道共16条，可同时接待5000名滑雪游客。长春市九台区土门岭街道马鞍山村倡导“一山一田一馆一民宿”，综合性田园风光体验，将生态农业、养生度假、红色旅游结合起来，主打特色是都市避暑休闲。长春市农安县华家镇战家村是爱马人的最爱，这里有全国知名的马术俱乐部，有马术比赛馆、射箭馆、马文化展览馆等。

3. 吉林省各地区旅游情况

由表10－3可知，各个城市对旅游总收入贡献不一，长春市发展的最好，占吉林省旅游总收入比例最大，其他市的旅游发展远不如长春市。长春市对吉林省旅游收入的贡献是最大的，2018年长春市旅游总收入1903.54亿元人民币，占整个吉林省的45.21%，将近吉林省旅游总收入的一半，其次是吉林市，旅游总收入1004.06亿元人民币，占整个吉林省的23.84%，长春市和吉林市合起来占吉林省旅游总共收入的三分之二，第三是延边州，第四是通化市。景区的数量和景区的质量会影响吸引的总人数，从而影响一个城市的旅游收入。

表10－3　　2018年吉林省各地区旅游经营情

地区	总人数（万人次）	同比（%）	排序	占全省（%）	旅游总收入（亿元）	同比（%）	排序	占全省（%）
长春	8988.45	14.83	1	40.57	1903.54	17.63	1	45.21
吉林	5946.01	16.97	2	26.84	1004.06	25.33	2	23.84
四平	472.56	13.84	8	2.13	76.59	21.12	8	1.82
辽源	346.35	13.38	9	1.56	60.66	20.89	9	1.44
通化	1470.39	19.2	4	6.64	251.14	29.16	4	5.96

续表

地区	总人数（万人次）	同比（%）	排序	占全省（%）	旅游总收入（亿元）	同比（%）	排序	占全省（%）
白山	1197.26	11.98	5	5.4	190.96	20.44	5	4.53
松原	815.48	11.13	6	3.68	164.17	16.35	6	3.9
白城	487.28	13.48	7	220	86.71	15.43	7	2.06
延边	2432.62	13.473	3	10.98	473.03	16.8	3	11.23
长白山	526	28.9	—	—	51	30.6	—	—
全省	22156.39	15.15	—	—	4210.87	20.07	—	—

资料来源：《吉林省文化和旅游业统计年鉴》，长白山按统计原则不计入全省总数。

（五）旅游业态丰富多样

吉林省的特色旅游业态主要有三类，即红色旅游、生态旅游、民俗旅游。

红色旅游是指参观共产党在抗战过程中形成的具有特殊意义的革命圣地、革命纪念碑、抗战纪念馆等，这些革命圣地、纪念馆等具有丰富的教育意义，有爱国主义教育基地的作用，也是很多经历过战争和革命的老一辈解放军最喜欢去的地方。另外，这也是很多家长和学生喜欢的景点，在这里学习老一辈的抗战精神，进行爱国主义教育。根据文化和旅游局公布的数据，全国参加红色旅游人数由2004年的1.4亿人次增至2016年的11.47亿人次，年均增长超过16%，其中青少年游客数量累计达到32亿人次①。东北三省之一的吉林省在红色旅游方面的发展史有目共睹的，特别是“十二五”以来，国家大力发展红色爱国教育，吉林省的红色旅游也有了很大发展，吉林省的红色旅游景点有：位于吉林省通化市的杨靖宇烈士陵园，位于白城市的侵华日军机场遗址群，红色圣地的四平战役纪念馆，新中国第一家电影制片厂也是新中国电影的摇篮的长春电影制片厂，伪满皇宫博物院内的东北沦陷史陈列馆等。

① 此处统计人数为红色旅游景区接待游客人数。

据中国新闻网报道，2019 年我国红色旅游接待人数达 14.1 亿人次。据新华网报道，根据相关统计，2019 年上半年，吉林省爱国主义教育基地、红色旅游景区接待红色旅游人数达 107.9 万人次，2019 年国庆假期，吉林省共接待游客 1814.11 万人次，同比增长 14.46%，实现旅游总收入 134.34 亿元，同比增长 20.60%。可见，吉林省的红色旅游发展势头较好，但仍然存在一些问题，如革命历史遗迹保护不到位，景点开发不合理，红色旅游建设缺乏专业性，产权融合能力弱等，如何应对并克服这些问题仍然是吉林省发展红色旅游的难点，也是吉林省红色旅游质的提高的关键点。

生态旅游一词是 1993 年首次突出的，它是指保护环境和维持当地人民生活的旅游活动。主要是随着自然保护区、湿地公园、森林公园、风景名胜区等发展起来的，生态旅游注重的是生态环境保护和旅游开发，体现的是可持续发展的理念。我国发展的较成熟的生态旅游地包括张家界国家森林公园、九寨沟、峨眉山、长白山等，其中，吉林省的 5A 级景区长白山景区就是典型，它给吉林省带来了巨大的游客流量和旅游收入，每年慕名而来的人数不胜数。吉林省著名的生态旅游景点还包括：包含异域风情的瓦萨博物馆的长春净月潭国家森林公园、辽源的鹭鹭湖旅游度假区、国家首批重点公园的长春的世界雕塑公园、敦化的六鼎山文化旅游区、通榆县的向海自然保护区等。

现如今，越来越多的人开始厌倦在充满钢筋水泥的大城市的生活，想要体验自然的生态环境，呼吸新鲜的空气，感受徒步的乐趣，也大大促进了我国生态旅游的发展。据国家林业局数据显示，2018 年，我国森林旅游接待游客达 7.6 亿人次，占国内旅游人数的 23%，同比增长 11.8%，森林旅游直接收入 685 亿元，同比增长 10.8%。吉林省森林旅游近期发展比较好的是延边朝鲜族自治州，延边州依据重点国有林区黄松蒲林场和大戏台河建设发展森林旅游，老林焕发生机，黄松蒲林场是距离长白山最近、保存最完整的原始森林景区，经过升级整改，已经发展成远近闻名的网红打卡地，促进了当地的旅游收入，也促进了餐饮和住宿等相关产业的发展，提高了当地居民收入。

吉林省生态旅游存在的问题有经营超载、环境保护意识不强、生态旅游相关设施人员配套不齐等，这是目前影响我省生态旅游发展的绊脚石。吉林省的生态旅游可以像婺源、洱海等成功案例借鉴经验，做出改进，提高生态旅游水平。在森林旅游方面做得好的还有美国的黄石公园，黄石公园的旅游项目包括徒步探险、初级守护者等，不仅体验感强，而且还可以提高生态环境保护意识，这也正是我省生态旅游建设所缺乏的和需要改进的。

民俗旅游是指人们离开常住地，到异地旅游体验风俗习惯的旅游过程。有集锦荟萃式、复古再现式、原地浓缩式和原生自然式等种类，集锦荟萃式即民族文化园、民族文化村等，种类繁多。复古再现式会仿建一些古代建筑，如宋城、唐城等，让现在的人们感受当时的建筑和服饰等。原地浓缩式现在大多是以当地民俗文化为主体的博物馆、主题公园等，如吉林省的萨满博物馆和瓦萨博物馆等，都可以让游客感受到不一样的民俗文化。原生自然式改造较少，可以让游客更真实的感受当地本土的风土人情，村落保存完整，商业化轻，如广东连南三排瑶寨、夏威夷毛利人村落等。

吉林省是满族的发祥地，有丰富的满族民俗文化和朝鲜族文化。另外，吉林省还是萨满文化的遗存保留最完整、内容最丰富的地方，吉林省的萨满文化堪称“萨满文化研究的活化石”，应大力发展萨满文化民俗旅游，打好这个特色，让全国各地，甚至世界各地的人，都知道这样一种文化，促进本省的萨满文化民俗旅游。这三种特色文化让吉林省发展民俗旅游具有得天独厚的条件。吉林省的满族民俗景点有四平的叶赫那拉城、吉林市满族博物馆、金达莱民俗村等。体验朝鲜族民俗文化有延边朝鲜族自治州，每年都吸引很多游客来到这里体验纯正的朝鲜族文化，延边朝鲜族民俗博物馆、朝鲜族民俗村等。吉林省前郭尔罗斯蒙古族自治县有查干湖，白城市有查干浩特旅游度假区，都是具有蒙古族风情特色的旅游景区。

二 吉林省乡村旅游存在的问题

吉林省的乡村旅游资源储量丰富，特色鲜明，产业规模不断扩大，乡村旅游正在成为农业农村经济发展新的经济增长点和农民增收致富的重要途径。基础配套设施建设不断改善，乡村旅游的发展加深了农业和旅游业的融合，使农业焕发生机。但在乡村旅游蓬勃发展的同时，还存在产品特色开发不鲜明、区域旅游合作不足等问题。

（一）旅游形式单一

很多乡村旅游项目没有新意，完全是照搬已经相对成熟的农村旅游模式，主要的就是农家乐，吃农家菜、体验农村土炕等，同质化严重。农村旅游的经营者大多没有受过高等教育，即没有完整的先进的企业管理思维，对农村旅游的发展路径认识不够，看不到农村旅游未来的发展方向和前景。资金短缺原始资金主要是多年务工所得，即使意识到经营存在的问题，也很难在资金上提供大力支持，农家乐散户多，无法形成规模经济效应，其次由于无法提供有力的担保，导致农民贷款极其困难，后期发展新型和周边项目的动力不足。随着社会的进步和人民生活水平消费水平的提高，人们对农村旅游的要求不再是从前那样了，尤其是青少年人群，从小生活环境较好，没有经历过农村生活，对农村旅游的要求更好，他们追求舒适的居住环境，干净的饭菜，有礼貌的服务，这恰恰是农村农家乐经营者容易忽略的地方，一次体验感不好，青少年可能就再也不会光顾，影响的不仅仅是这一家，而是整个农村旅游行业。农村旅游整体上缺乏规划，散沙式经营，没有体系，要建立包含野炊、踏青、采摘等多方面多层次的旅游体系，给游客不一样的体验，现在游客来了只是“吃顿饭”的体验，停留时间一天或两天，回头率低，经济效益低下，这种单一的旅游形式也满足不了人们对农村旅游更深层次更高水平的要求，就势必会影响农村旅游的收入和长远的发展。

（二）缺乏专业的人才和先进的技术支持

吉林省向来是人口外流大省，受经济水平和气候等多方面的影响，许多年轻有抱负的青年人纷纷去往南方大城市，导致本省受过高等教育

的人才占比很小，留在本省的受过高等教育的人才已经不多的情况下，从业于农村旅游的人才就更是少之又少，这部分人接受过高等教育，有最先进的经营理念和做事办法，可以在农庄装修和业务运营等多方面上极大的改进农村旅游现状，促进农村旅游的发展。目前从事农村旅游的人有一部分是把它当作兼职来运营，一方面投入的精力有限，另一方面教育水平低和经营意识的匮乏也限制了农村旅游。21 世纪是争夺人才的世纪，人才是最可贵的，如何吸引更多高水平、高教育、有丰富经验的人才加入生态文明旅游的建设中，是如今吉林省农村旅游发展面临的重大难题之一。

（三）基础设施不完善

吉林省开展农村旅游的地方主要是城郊和经济水平相对较低的农村，基础设施不完备，通往乡村的道路不平坦不规整，游客的心情被打乱，体验感不好，良好的道路交通有助于农村旅游的发展，有助于吸引游客。现有的基础设施存在很多问题，如路灯照明不足，路标指示牌少，露天小型垃圾场多，住宿条件差，财产安全得不到保障，公共厕所少等问题。一方面需要政府的努力，修建宽敞平坦的公路，增加路灯的个数，另一方面居民个人和经营者也要做出努力，友善对待外来游客，不漫天要价，保证游客的生命财产安全，实行垃圾分类，保持干净整洁，不仅有助于吸引游客，还利于建设美丽卫生的新农村。

（四）宣传力度不够

农家乐等旅游项目的负责人与政府旅游部门缺乏联系，旅游资源得不到充分的开发和利用，缺乏传播媒介，网络营销不强。吉林省很少有在社交媒体上特别火爆的旅游特色，旅游宣传没有利用好新媒体工具，例如微博、公众号等。吉林省最具特色的吉林市雾凇和长白山有季节性，如吉林市雾凇只有冬季才能吸引到游客，而长白山只有 5 月到 10 月是最佳观赏期，吸引游客的时间非常有限，无法全年都创造较高的收益，这在很大程度上影响旅游收入的提高。每年冬季都是黑龙江雪乡最火爆的季节，各大自媒体上都在宣传，吉林省也要用好自媒体这个工具，在关键季节加大宣传力度，善于利用各种新旧媒体，另外，四川省甘孜州理塘县的“丁真”凭借自媒体迅速走红，带动了当地的旅游业发展。“理塘旅游”搜索量涨620%，频登热搜，截至2020年11月25日，甘孜地区酒店预订量较上年同期增长89%，这足以证明用好新媒体宣传时可以给农村旅游带来福利的。吉林省应该加强宣传力度，打好“冰天雪地”这张牌，旅游旺季集中宣传点，增强吸引力。

（五）忽略生态文明建设和环境保护

在中央和地方政府的大力支持下，各地的乡村旅游如火如荼地发展起来，在发展的背后，隐藏着盲目开发的问题。被政策鼓舞的居民开展乡村旅游业务，依照其他省市的固定模式，盲目开发土地，建农家乐，开发山区，砍伐树木，在一定程度上造成了水土流失，破坏生态环境。这违背了习近平总书记提出的“两山理论”，绿水青山就是金山银山，农村土地的盲目开发就是开发者无限度的追求利益的结果，形式主义，砍伐大量树木建造木屋，营造农家乐的氛围，只学其表，未学其里，严重破坏了农林的生态平衡，平衡好吉林省农村旅游和生态文明的关系是省政府在大力发展农村旅游时应着重考虑的课题。

第四节　吉林省发展乡村旅游促进乡村振兴的路径对策

根据以上分析，结合吉林省乡村旅游发展的实际，针对性提出通过发展乡村旅游促进乡村振兴的路径对策，实现经济效益、生态效益和社会效益的有机统一，为吉林省乡村旅游的发展和乡村振兴提供理论和政策参考。

一　构建乡村旅游产业体系

制造业之间的联系是产业链上下游企业之间由于投入产出关系而产生的贸易联系，旅游业是不同行业企业共同协作提供旅游产业而产生的产业之间的关联。不是通过生产环节而是通过消费者的消费组合而成的，而是由于旅者旅游需求的可分性和多样化导致了旅游产品和服务的可分

性和多样化。

推动产业融合的过程中实现乡村旅游发展产业体系的构建，实质上就是改变传统的一二三产业低度融合的状况，以乡村旅游产业为纽带实现一二三产业的高度融合。乡村振兴战略下的产业兴旺，不仅仅指农业兴旺，而是一二三产业融合发展下的百业兴旺。乡村旅游行业具有行业关联度高和辐射性强的优势，在乡村振兴战略实施的背景下，乡村旅游要突破传统的单一产品和业态的范式，主动融入乡村一二三产业融合发展体系构建中，实现产业链的延伸、价值链的提升和利益链的完善。从产业融合的角度可以看出，吉林省乡村旅游主要停留在低度融合的阶段，乡村旅游中的农产品精深加工、生态产业、文化创意产业和休闲农业等发展较为缓慢，仍然存在很大发展空间。吉林省应该抓住乡村振兴战略实施的契机，采取各种有效措施努力实现乡村地区的一二三产业低度融合向高度融合发展，逐渐构建起包括农产品精深加工、乡村民宿、休闲观光园区、康养基地、生态旅游和乡村文创在内的乡村旅游产业集聚，不断整合农业产业资源、不断推进农村产业结构调整、不断提升乡村旅游全产业链价值。同时，在乡村旅游发展产业体系构建过程中，一定高质量实现农业和乡村旅游业的兴旺，一定坚持以市场为导向进行专业化的生产，一定走一体化经营的道路，一定合理规划乡村产业布局，不断提高规模化和社会化服务水平，这是乡村振兴的重要内容，也是吉林省乡村旅游发展的重要路径之所在。

二　深挖乡村旅游文化内涵

许多传统技艺既是历史文化遗产，也是文化旅游资源。应加大文旅产品的研发力度，让文化资源优势转化为旅游商品优势。吉林省是多民族聚居的地区，在长期的岁月沉淀中形成了以关东文化为中心，多民族文化交相辉映的文化格局。不同民族的文化融合发展且不失特色，吉剧文化、东北秧歌、吉林新城戏和二人转等无不展现着吉林省的文化底蕴。在经济发展中，又形成了人参文化、渔猎文化等趣味盎然的文化形式。丰富鲜明的文化既是吉林省乡村旅游发展的重要推动力，又提升了旅游的韵味和内涵。

文创产业应该立足观光、休闲、娱乐、培训等不同的旅游目的来推进，让无形的优秀传统文化蕴含于实际产品中。民俗村与民俗餐饮同舟共济，杜绝快餐店与连锁店的垄断，大力扶持当地特色餐饮。中华饮食文化琳琅满目，应该让更多的特色小吃店林立街头，加速当地农家乐健康美食的发展，同时也能促进这些店家不断改善服务质量，实现良性竞争，而不是让享受美食被解决温饱所替代。对于周边的文化渲染，要由表及里，表现各自文化的不同精髓，让游客能够了解文化背后所要展现的民族精神与民俗特色。

除此之外，吉林省乡村旅游经营者还可以依托产业，建设文化旅游产业链。例如，依托人参文化，进行人参文化主题公园以及人参博物馆、主题宾馆、餐厅、文化广场等项目建设。在人参产区建设人参种植、采收体验园；散养人参鸡。以不破坏原生态环境为原则，种植林下参，散养人参鸡，让游客实地体验“放山人”的采参过程。游客还可以品尝当地原生态的绿色食品，同时了解古老的人参文化。

三　延长乡村旅游产业链条

现有的产品生产技术低下，各自为战。政府应加强产品质量监管，同时引导农副产品、土特产品生产逐步向规模化、规范化发展，用高科技高水平的生产技术打造安全、放心、卫生的农副产品。一方面纵向延伸产业链条，对于鹿茸、人参等珍贵食材，在保留原生态销售的基础上，开发出相关口味的小吃、零食，让广大群众都买得起，尝得到。另一方面加强产业链的横向拓宽，以农产品为依托，还可以开发相关的文化延伸产品，如图书、多媒体等，让游客在品尝的同时，也能了解这些产品在吉林的悠久历史与文化传承。

紧跟国家“六稳”“六保”方针，对于乡村中小微企业的发展，政府应牵头银行与贷款公司拓宽融资渠道，给予资金支持，但也要严管投放门槛与信用审核，做到“多给钱”，但不“乱给钱”。与此同时，对于乡村的基础设施建设也要与时俱进，在交通、饮食、住宿等多个环节下

功夫。既然加大宣传力度吸引更多游客前来，就要做到让游客“进得来”“吃得香”“住得好”。口碑不是光靠自身宣传而来，打铁还需自身硬，只有自身服务品质上来了，游客才会络绎不绝，回头客才会与日俱增。

四　加强村民环保意识

应定期对村民开展素质教育，引领其学习例如歌舞剧、乡村文学、农民画等多元化的文化表现形式。更应加强村民对于生态保护的自觉性，开展垃圾分类等宣传，对于不按规定生产、破坏生态环境的商家进行严惩，使乡村旅游能够得可持续的健康发展。吉林省乡村旅游应该按照“绿水青山就是金山银山”的理念，围绕“绿色、有机、环保”三个关键词进行乡村旅游的规划与开发，不是简单地对乡村旅游服务设施进行投资与建设，而是应该深入挖掘吉林省乡村原有的社会、资源、文化和生态价值，确保吉林省乡村旅游资源独特的乡村文化原真性，打造乡村旅游生态体系。按照生态乡村、宜居乡村、清洁乡村和宜旅乡村的绿色目标，在以人为本和绿色环保为指导下使吉林省乡村实现“一村一品”“一村一景”，将乡村的生态内涵和绿色韵味充分体现出来，使吉林省乡村的生态特色和绿色优势成为乡村旅游发展的强大动力。

五　提升乡村旅游服务水平

授人以鱼不如授人以渔，聘请旅游等服务行业的专业师资来给村民循序渐进地教授相关知识，挖掘各行各业人才，物尽其用，做到事半功倍，避免发生“好心办坏事”的现象。同时应建立健全的管理体系，政府对于乡村旅游项目的开展要严格把关，进行实地考察，统筹兼顾，总揽全局。对于平时的经营，也要定期对环境、消费、卫生、服务质量与管理水平进行考核，不合格者要严肃整顿，打造精品乡村旅游。

六　加强乡村公共服务体系建设

公共服务体系建设是乡村旅游发展的重要保障，其主要内容包括基础性公共服务、市场性公共服务和管理性公共服务。其中，基础性公共服务主要是指为旅游活动提供保障的基本服务，如平台、基础设施、交通、生态环境等；市场性旅游公共服务包含旅游的宣传、旅游消费的促进、旅游公共安全保障、旅游交流等；管理性旅游公共服务包含旅游经营主体的审批、复核，市场准入规范，相关部门的管理制度，对经营管理主违法行为惩处，协调各个组织之间的关系等。公务服务是吉林省乡村旅游发展的短板，在发展中应坚持以下几点。

一是政府主导统筹乡村基础性公共服务建设。在乡村旅游建设规划时，要立足“补齐农业农村短板，夯实农村共享发展基础”为出发点，最大程度的将公共服务建设纳入乡村旅游建设内容。明确乡村公共服务标准化、精准化、制度化要求，并以此作为新农村建设和旅游特色村建设的考核标准内容。

二是引导多元主体参与乡村公共服务建设。鼓励乡村旅游与本地的科技产业、文化产业、农业、金融业、养老业进行有效融合，带动其他产业发展，打造出一批具有乡村旅游特色产业融合的典范。应积极倡导乡村旅游社区公共服务的市场化运作机制，充分发挥群体作用，鼓励他们参与公共服务建设，如在公共卫生清洁、绿化养护等方面，推行多元投入、公司化运作机制，从而促进多方参与、合作、共享的社区公共服务体系建设，提升乡村公共服务水平。在原有力度的基础上进一步加大宣传，由政府牵头并与省内各企业进行合作，引入社会资本对吉林省乡村旅游制作有针对性的特色广告，并在省内各大频道以及各大卫视进行投放，增加国民知名度。在移动端及物联网平台，也可在各大主流社交网站及 App 投放广告、开展“带货直播”、举办明星联名活动，将乡村旅游与人们的日常生活结合起来，让更多人了解吉林省的自然风光与民俗特色。星星之火可以燎原，每个地方一点点的介绍汇聚起来，就能让国民愈发产生兴趣，前来实地游玩。

三是平台创新，提高乡村公共服务信息化水平。实现乡村旅游智慧化，既是提高旅游服务于管理水平的迫切需要，又能有效地提高乡村医疗、就业、社保、安全、交通等公共服务精准化水平。同时，利用大数

据，有助于提高信息综合利用水平和预警能力。因此，加快协调推进4G、5G网络在乡村旅游社区的优先覆盖，建设智慧化乡村旅游社区，是提高乡村治理水平的重要途径。

第五节　本章小结

本章从理论上剖析了乡村旅游促进乡村振兴的作用机制，并通过数据搜集和实地调研发现吉林省乡村旅游发展中存在的问题，如旅游形式单一、基础设施不完善、缺乏专业技术人才等。并针对这些问题提出了吉林省发展乡村旅游促进乡村振兴的路径对策。在当前乡村振兴的大背景下，发展乡村旅游对促进农民增收、农村发展、乡村生态环境改善等方面具有重要意义。吉林省乡村旅游的发展应立足自身实际，并积极借鉴其他地区乡村旅游发展的经验，为美丽乡村建设贡献力量。

参考文献

中文

党耀国：《灰色预测与决策模型研究》，科学出版社2009年版。

高敬峰：《国际经济学》，高等教育出版社2010年版。

高铁梅：《计量经济分析方法与建模》，清华大学出版社2009年版。

郭翔宇、刘宏：《比较优势与农业结构优化》，中国农业出版社2005年版。

江世银：《区域产业结构调整与主导产业结构研究》，上海人民出版社2004年版。

蒋昭侠：《产业结构问题研究》，中国经济出版社2005年版。

厉为民：《农业结构研究》，中国农业出版社2008年版。

林毅夫：《新结构经济学》，北京大学出版社2012年版。

苏雪串：《中国的城市化与二元经济转化》，首都经济贸易大学出版社2005年版。

王军、徐晓红、王洪丽：《农业发展与核心农产品生产增长问题研究》，中国农业出版社2011年版。

易丹辉：《数据分析与Eviews应用》，中国统计出版社2002年版。

钟甫宁：《农业经济学》，中国农业出版社2010年版。

周振华：《产业结构优化论》，上海人民出版社2014年版。

曹建民、霍灵光、张越杰：《日本肉牛产业政策的经济分析与启示》，《中国农村经济》2011年第3期。

查道中、吉文惠：《城乡居民消费结构与产业结构、经济增长关联研究——基于 VAR 模型的实证分析》，《经济问题》2011 年第 7 期。

陈国华：《吉林省现代农业发展的区域比较研究》，吉林农业大学，2012 年。

陈旭：《吉林省设施农业的现状及发展对策》，《林业勘察设计》2013 年第 2 期。

崔奇峰、蒋和平、周宁：《中国糖料作物生产的地区比较优势分析》，《农业经济》2012 年第 1 期。

崔振东：《延边州农产品比较优势与农业结构优化研究》，沈阳农业大学，2006 年。

戴健、刘晓媛、苏武峥等：《现代畜牧业指标体系研究》，《农业技术经济》2007 年第 2 期。

戴天放：《农业业态概念和新业态类型及其形成机制初探》，《农业现代化研究》2014 年第 3 期。

单培、梅翠：《从农产品的比较优势变化看我国农业贸易政策的调整》，《农村经济》2005 年第 10 期。

丁杰、仲崇莲：《吉林省优势农产品区域布局的研究》，《农业与技术》2009 年第 2 期。

丁丽娜：《中国肉羊市场供求现状及未来趋势研究》，中国农业大学，2014 年。

冯凯、滕佳敏、文美英：《吉林省肉牛产业发展的现状及建议》，《肉类工业》2015 年第 2 期。

郭丹、谷洪波、尹宏文：《基于农村产业结构调整的我国农村劳动力就业分析》，《中国软科学》2010 年第 1 期。

郭庆海：《吉林省玉米产业发展面临的问题及对策》，《玉米科学》2011 年第 6 期。

郭庆海：《中国玉米主产区的演变与发展》，《玉米科学》2010 年第 1 期。

韩星焕、田露：《农户土地流转意愿及其影响因素实证分析——以吉林省为例》,《吉林农业大学学报》2012 年第 2 期。
胡博、刘颖等:《吉林省油料作物合作组织现状及发展趋势》,《吉林农业》2015 年第 4 期。
胡春阳、鲍步云:《基于 VAR 模型的产业结构变动与农业经济增长关系研究》,《经济经纬》2011 年第 6 期。
华伟、陆庆光:《农业经营机制的结构优化与实证分析》,《农业技术经济》2006 年第 1 期。
黄照影:《我国农业比较优势向竞争优势转换的探析》,《农业现代化研究》,2006 年第 5 期。
蓝庆新:《我国农业比较优势及政策效果的实证分析》,《南京社会科学》2004 年第 5 期。
蓝万炼:《我国各省区农业生产比较优势与农业相对比重分析》,《农业技术经济》2001 年第 2 期。
李春生、张连城:《我国经济增长与产业结构的互动关系研究》,《工业技术经济》2015 年第 6 期。
李桂丽、霍学喜:《我国农民组织化模式探索与创新》,《农村经济》2009 年第 3 期。
李瑾、秦向阳:《基于比较优势理论的我国畜牧业区域结构调控研究》,《农业现代化研究》2009 年第 1 期。
李景玉、徐亚杰等:《白城地区及吉林省养羊业状况分析》,《吉林畜牧兽医》2015 年第 1 期。
李应中:《比较优势原理及其在农业上的运用》,《中国农业资源与区划》2003 年第 4 期。
李咏梅、唐冰璇:《技术进步促进农业结构优化的机理与应用模式——以湖南省浏阳市为例》,《湖南农业大学学报》(社会科学版)2008 年第 6 期。
厉无畏:《产业融合与产业创新》,《上海管理科学》2002 年第 4 期。
刘辉、黄大金、曾福生:《技术进步促进农业结构优化——湖南湘西科技扶贫开发型运行模式研究》,《湖南农业科学》(社会科学版)2004 年第 2 期。

刘帅、郭焱：《吉林省农村居民禽肉消费特征及影响因素分析》，《中国畜牧杂志》2013年第16期。

刘天军、胡华平、朱玉春等：《我国农产品现代流通体系机制创新研究》，《农业经济问题》2013年第8期。

栾立明：《吉林省大豆生产的实证研究》，博士学位论文，吉林农业大学，2011年。

栾立明：《吉林省发展大豆产业的比较优势分析》，《税务与经济》2010年第2期。

马期茂、严立冬：《基于灰色关联分析的我国农业结构优化研究》，《统计与决策》2011年第21期。

马晓丽：《我国农产品市场信息不对称问题研究》，博士学位论文，山东农业大学，2010年。

马友记、李发弟：《中国养羊业现状与发展趋势分析》，《中国畜牧杂志》2011年第14期。

孟晓哲：《现代农业产业融合问题及对策研究，《中国农机化学报》2014年第6期。

南秋菊、马礼、甘超华：《坝上地区农业产业结构优化的灰色关联分析》，《农业系统科学与综合研究》2005年第5期。

邵一珊、李豫新：《新疆兵团农业结构调整与农业经济增长关系研究》，《石河子大学学报》2009年第3期。

沈银书：《中国生猪规模养殖的经济学分析》，中国农业科学院研究生院，2012年。

沈悦、李善燊：《VAR宏观计量经济模型的演变与最新发展》，《数量经济技术经济研究》2012年第10期。

帅传敏、张金隆：《中国农业比较优势和国际竞争力》，《对外经贸实务》2002年第7期。

唐敏、张廷海：《比较优势与中国农业的国际竞争力》，《农业经济问题》2003年第11期。

王刚毅：《信息化对黑龙江省畜牧业产业链的影响及对策研究》，硕士学位论文，东北农业大学，2009年。

王桂霞、李文欣、秦贵信：《东北地区畜牧业规模经营发展分析》，《中国畜牧杂志》2010年第4期。

王晶晶、阎述乾：《甘肃省特色农业发展比较优势实证分析》，《黑龙江农业科学》2011年第5期。

王瑞娜、唐德善：《基于灰色理论的辽宁省农业产业结构优化研究》，《农机化研究》2007年第12期。

王淑艳、孟军、赵红杰：《区域可持续农业产业结构优化模型的建立及应用》，《农机化研究》2009年第2期。

王伟新、向云、祁春节：《中国水果产业地理集聚研究：时空特征与影响因素》，《经济地理》2013年第8期。

韦文珊：《区域农业比较优势评价方法综述》，《中国农业资源与区划》2003年第1期。

温天力：《吉林省县域经济差距及其对教育公共服务影响研究》，博士学位论文，吉林大学，2014年。

吴凯、卢布：《东北农区农业结构的熵分析及其优化》，《农业现代化研究》2007年第3期。

肖卫东：《中国农业生产地区专业化的特征及变化趋势》，《经济地理》2013年第9期。

徐锐钊：《比较优势、区位优势与我国油料作物区域专业化研究》，博士学位论文，南京农业大学，2006年。

徐志刚：《比较优势与中国农业生产结构调整》，博士学位论文，南京农业大学，2001年。

徐志刚、封进、钟甫宁：《江苏省农业比较优势格局及与周边省市比较分析》，《长江流域资源与环境》2001年第7期。

徐志刚、钟甫宁、傅龙波：《中国农产品的国内资源成本及比较优势》，《农业技术经济》2000年第4期。

杨东升：《论农业比较优势深化》，《农村经济》1998年第10期。

杨光：《吉林省畜牧业产业竞争力实证分析》，《黑龙江畜牧兽医》2015年第6期。
杨树果：《产业链视角下的中国大豆产业经济研究》，博士学位论文，中国农业大学，2014年。
杨学锋、冯晓波：《比较优势与农业产业结构提升》，《学术论坛》1999年第3期。
杨子刚、郭庆海：《吉林省奶业发展现状与战略布局研究》，《中国畜牧杂志》2011年第8期。
杨子刚、毛文坤、姜会明：《东北三省畜牧业结构历史演变及调整趋势分析》，《中国畜牧杂志》2012年第6期。
叶春辉：《比较优势与中国种植业生产结构调整》，博士学位论文，南京农业大学，2004年。
衣洪岩、王敏：《吉林省农业结构优化初探》，《经济研究导刊》2013年第5期。
曾福生、匡远配：《论技术进步促进农业结构优化的作用机理》，《科技进步与对策》2005年第2期。
曾福生、李娜：《比较优势与湖南农业结构调整》，《湖南农业大学学报》2001年第9期。
张凤娟：《中国家禽产品出口贸易影响因素的实证研究》，博士学位论文，山东农业大学，2013年。
张贺：《吉林省猪肉价格波动特征及影响因素分析》2014年第8期。
张瑞芳、孙淑华等：《吉林省乳业产业集群发展研究》，《商业经济》2010年第11期。
张守莉、郭庆海：《吉林省猪肉产量波动分析》，《中国畜牧杂志》2011年第16期。
张玉明、李娓娓：《技术创新效应与农业结构优化调整对策——以山东省为例》，《农业现代化研究》2006年第7期。
张越杰：《中国玉米产业链研究——以吉林省为例》，《农业经济问题》2007年第12期。

张越杰、田露：《中国肉牛生产区域布局变动及其影响因素分析》，《中国畜牧杂志》2010 年第 12 期。
赵辉、方天堃：《吉林省农业优势产业集聚及其动力机制分析》，《沈阳农业大学学报》（社会科学版）2014 年第 1 期。
钟甫宁、刘顺飞：《中国水稻生产布局变动分析》，《中国农村经济》2007 年第 9 期。
钟甫宁、徐志刚：《中国种植业地区比较优势的测定与调整结构的思路》，《福建论坛》2001 年总第 231 期。
钟甫宁、朱晶：《结构调整在我国农业增长中的作用》，《中国农村经济》2000 年第 7 期。
庄丽娟：《比较优势、竞争优势与农业国际竞争力分析框架》，《农业经济问题》2004 年第 3 期。
祖廷勋：《可持续发展中农业产业结构优化问题研究——以甘肃张掖市农业产业结构调整为例》，《生产力研究》2007 年第 5 期。

外文

［美］保罗·R. 克鲁格曼：《国际经济学》，海闻、潘圆圆等译，中国人民大学出版社 2006 年版。
［美］查尔斯·范·马芮威耶克：《中级国际贸易学》，夏俊等译，上海财经大学出版社 2005 年版。
［英］大卫·李嘉图：《政治经济学及赋税原理》，周洁译，华夏出版社 2005 年版。
［英］亚当·斯密：《国富论》，唐日松等译，华夏出版社 2005 年版。
［英］亚当·斯密：《国富论》，谢祖钧等译，中南大学出版社 2003 年版。

J. Oebsib et al. , *Introduction to Agricultural Econoics*, Prentice Hall, 2009.
Liefert, William M, "Comparative (Dis?) Advantage in Russian Agriculture", *American Journal of Agricultural Economics*, Vol. 84, No. 3, 2002.

Michael E. Porter, "The Competitive Advantage of Nations", *Harvard Business Review*, No. 2, 1990.

Run Yu, Junning Cai, Loke, Matthew Ping, Sun Leung, "Assessing the Comparative Advantage of Hawaii's Agricultural Exports to the US Mainland Market", *Annals of Regional Science*, Vol. 45, No. 2, 2010.

R. D. Knuston et al., *Agricultural and Food Policy*, Prentice Hall, 2004.

Serin, Vildan, Civan, Abdulkadir, "Revealed Comparative Advantage and Competitiveness: A Case Study for Turkey towards the EU", *Journal of Economic & Social Research*, No. 10, 2008.

Shinoj P., V. C. Mathur, "Comparative Advantage of India in Agricultural Exports to Asia: A Post-reforms Analysis", *Agricultural Economics Research Review*, Vol. 21, No. 1, 2008.

Stanislavs Skesters, Dana Svedere. Aina Muska, "Development of Farm Structure Impacted by the Agricultural Reform in Latgale Region", *European Integration Studies*, No. 4, 2010.

Xin Wang, "Analysis of Advantages, Benefits and Strategies of the Development of Kiwifruit Industry in Sichuan Cangxi County", *International Journal of Business and Management*, Vol. 6, No. 12, 2011.

致　谢

本书是吉林省社科基金项目（2019C22）、长春大学科研项目（SKQD911）、长春大学科研培育项目（SKC2019010）的研究成果，在研究与写作的过程中得到了许多单位和个人的支持，谨向他们表示感谢。

本书基于博士在读期间收集的数据和构思，要特别感谢我的博士生导师、本书的合著者张越杰教授在为人、为学方面对我的谆谆教诲。从选题、数据搜集、研究方案的设计，到著作的撰写与修改，每一步我都和张教授进行充分的沟通、探讨。张教授给了我巨大的帮助和启发。张教授不仅知识渊博、学术视野宽广、分析问题的视角敏锐独特，而且对著作质量严格要求、对专业精益求精，正是这种精神，使得本著作得以顺利、高效完成。

本书的撰写工作量庞大，耗时较长，在这个过程中感谢长春大学经济学院提供宽松的工作环境和对学术研究工作的大力支持。感谢经济学院各位领导对我研究工作的鼎力支持，感谢我的同事程淑佳教授、田艳芬副教授、李爽副教授、季宇博士给予的无私帮助，感谢我的好友李庆华博士帮助我润色英文翻译，感谢经济学院研究生王乐雪同学、秦亦诚同学在数据整理工作中做出的努力和贡献。

最后，特别感谢我的家人给予我的无私的爱、永远的理解、支持和鼓励，没有家人的支持和理解，我不可能顺利完成专著的撰写工作。

本书主要基于吉林省农业发展的现实进行研究，希望能够为相关政府部门政策的制定提供决策建议和参考，为地方经济发展尽一点绵薄之力。